Muros de Arrimo

Blucher

OSVALDEMAR MARCHETTI

MUROS DE ARRIMO

Muros de arrimo

6ª reimpressão - 2020
Editora Edgard Blücher Ltda.

Blucher

Rua Pedroso Alvarenga, 1245, 4º andar
04531-934 - São Paulo - SP - Brasil
Tel.: 55 11 3078-5366
contato@blucher.com.br
www.blucher.com.br

Segundo o Novo Acordo Ortográfico, conforme 5. ed. do *Vocabulário Ortográfico da Língua Portuguesa*, Academia Brasileira de Letras, março de 2009.

FICHA CATALOGRÁFICA

Marchetti, Osvaldemar
Muros de arrimo / Osvaldemar Marchetti - São Paulo: Blucher, 2007.

Bibliografia.
ISBN 978-85-212-0428-2

1. Muros de arrimo I. Título.

07-4118 CDD-624.164

Índices para catálogo sistemático:
1. Muros de arrimo: Engenharia civil 624.164

PREFÁCIO

Um livro para estudantes de engenharia, arquitetura, tecnólogos e profissionais em geral, um livro desenvolvido de forma didática, prática e dirigido às obras de contenção de solos em edificações, estradas, ruas, encostas em regiões montanhosas.

julho/2007

Osvaldemar Marchetti
Engenheiro Civil

GRATIDÃO

Primeiramente a Deus, pelas grandes oportunidades da minha vida e pela sabedoria para aproveitá-las.

A meus pais Carlos e Hercília que, pela persistência e bravura, puderam me dar a possibilidade de ser hoje o que sou.

Aos meus antigos mestres que me ensinaram tudo o que sei, e aos meus parceiros de trabalho que me ajudaram a conseguir toda a experiência que hoje tenho.

À minha esposa Maria Rita que constantemente me apoia e me auxilia em todos os meus trabalhos e aos meus filhos Giulio e Paolo, as grandes dádivas com que o Senhor me abençoou e que enriquecem e alegram a minha vida.

Osvaldemar Marchetti

NOTAS INTRODUTÓRIAS

1. As normas da ABNT (Associação Brasileira de Normas Técnicas) nº. 6118/2003 referente a projetos e NBR 14.931/2003 referente a obras englobam os assuntos concreto simples, concreto armado e concreto protendido. Neste livro só abordaremos o concreto armado.

2. De acordo com as orientações dessas normas, a unidade principal de força é o N (Newton) que vale algo como 0,1 kgf.

Usaremos neste livro as novas unidades decorrentes, mas para os leitores que estão acostumados com as velhas unidades elas aparecerão aqui e ali sempre valendo a conversão seguinte:

1 N = 0,1 kgf

10 N = 1kgf

1 kN = 100 kgf

1 MPa = 10 kgf/cm^2

k (quilo) = 1.000 = 10^3

M (mega) = 1.000.000 = 10^6

G (giga) = 10^9

1 tfm = 10 kNm

1 tf = 10 kN = 1.000 kgf

100 kgf/cm^2 = 1 kN/cm^2

1kN/m^3 = 100 kgf/m^3

1 MPa = 10 kgf/cm^2 = 1.000 kN/m^2 = 100 tf/m^2

Por razões práticas

1 kgf = 9,8 N ≅ 10 N

Caro leitor

Para dialogar com o Eng. Osvaldemar Marchetti, enviar e-mail para:

omq.mch@terra.com.br

Curriculum do autor

Osvaldemar Marchetti é engenheiro civil formado em 1975 na Escola Politécnica da Universidade de São Paulo. Hoje é engenheiro consultor estrutural, além de construtor de obras industriais e institucionais.

CONTEÚDO

1 — INTRODUÇÃO

1.1 – ESTADO DE EQUILÍBRIO PLÁSTICO EM SOLOS

O equilíbrio plástico que age em um elemento do solo é mostrado na Figura 1.

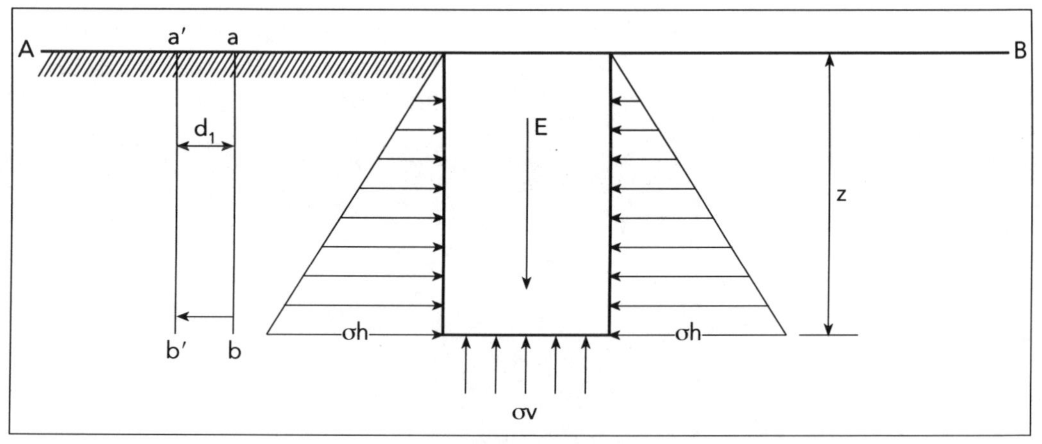

Figura 1

Na Figura 1, *AB* representa a superfície horizontal de uma massa semi-infinita de areia sem coesão e de peso específico γ e *E* representa um elemetno de areia de altura z e com área unitária.

A tensão normal na base na altura z vale $\sigma v = \gamma z$ e é uma tensão principal. As tensões σh perpendiculares a σv são também principais e existe uma relação entre σv e σh dada por

$$K = \frac{\sigma h}{\sigma v}$$

O valor *K*, de acordo com os ensaios de compressão triaxial, pode assumir qualquer valor entre os limites *Ka* e *Kp*, sendo:

$$Ka = \text{tg}^2\left(45° - \frac{\phi}{2}\right) \quad \text{e} \quad Kp = \text{tg}^2\left(45° + \frac{\phi}{2}\right)$$

onde ϕ = ângulo de atrito interno da areia.

Quando uma massa de solo é depositada por um processo natural ou artificial, o valor *K* tem um valor *Ko* intermediário entre *Ka* e *Kp*, onde *Ko* é uma constante empírica denominada de coeficiente de empuxo de terras em repouso. Seu valor depende do grau de compacidade da areia e do processo, pelo qual o depósito foi feito.

Quando a compactação for por apiloamento manual, o valor de Ko varia entre 0,4 para areia fofa e 0,5 para areia compacta.

Caso a compactação seja feita por camadas, o valor Ko pode aumentar até cerca de 0,8. Para alterarmos o valor de Ko de uma massa de areia para o valor Ka, é necessário lhe darmos a possibilidade de se expandir na direção horizontal.

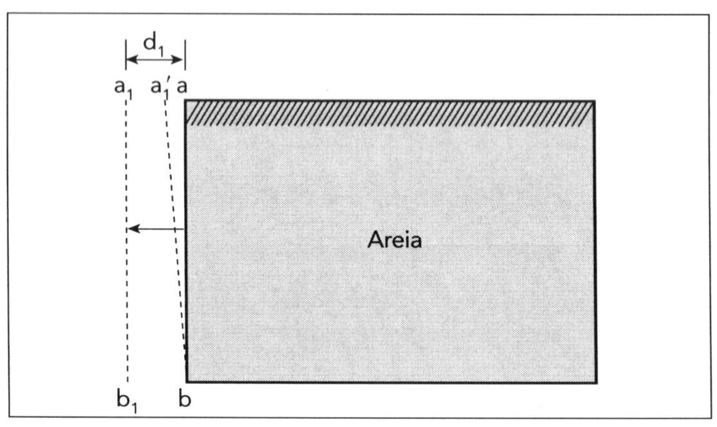

Figura 2

Quando a massa de areia que está inicialmente no estado de repouso — seção vertical ab, move-se de uma distância d_1, afastando-se do aterro, para a_1b_1; o coeficiente de empuxo em repouso Ko passa para o coeficiente de empuxo ativo Ka.

Valores de translação para mobilizar o coeficiente de empuxo ativo	
Tipo de solo	Valores de d_1
Solo sem coesão — compacto (areias)	0,1% *H* a 0,2% *H*
Solo sem coesão — fofo (areias)	0,2% *H* a 0,4% *H*
Solo coesivo rijo (argilas)	1% *H* a 2% *H*
Solo coesivo mole (argilas)	2% *H* a 5% *H*

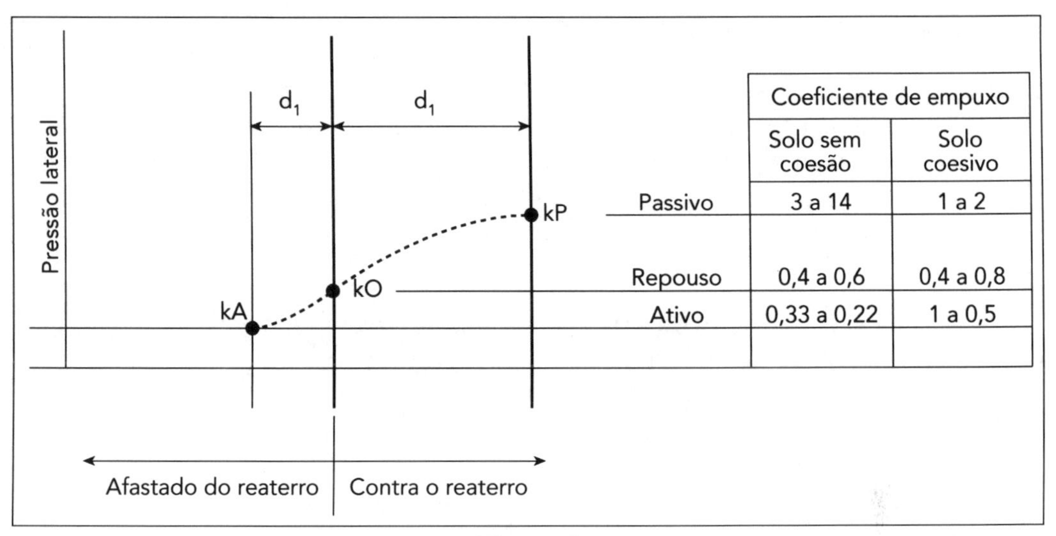

	Coeficiente de empuxo	
	Solo sem coesão	Solo coesivo
Passivo	3 a 14	1 a 2
Repouso	0,4 a 0,6	0,4 a 0,8
Ativo	0,33 a 0,22	1 a 0,5

Figura 3

Para um muro de arrimo de H = 5 m, se o solo for sem coesão, d_1 = 0,1% 500 = 0,5 cm = 5 mm. O coeficiente de empuxo de repouso Ko, após esta translação, mobiliza o coeficiente de empuxo ativo Ka.

Quando a massa de areia que está incialmente no estado de repouso — seção vertical ab, move-se de uma distância D_1, contra o reaterro, para a_2b_2. O coeficiente de empuxo em repouso Ko, após esta translação, mobiliza o coeficiente de empuxo passivo Kp (Fig. 4).

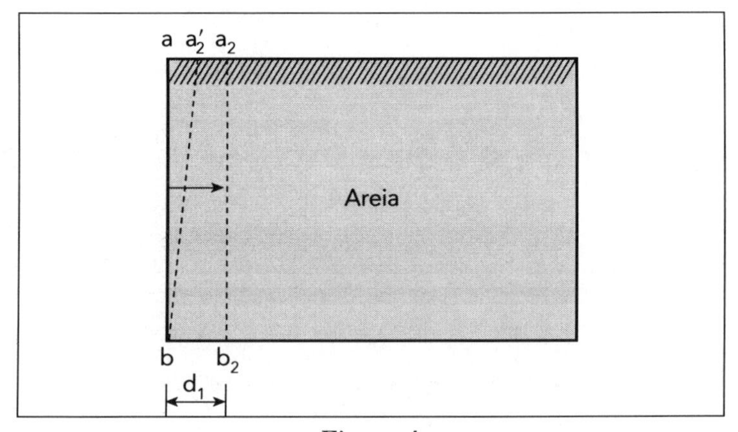

Figura 4

1.2 – EMPUXOS DE TERRA EM MUROS DE CONTENÇÃO — RANKINE

Quando construímos um muro de arrimo e depois vamos depositar o aterro, enquanto o aterro está sendo colocado, o muro sofre algum deslocamento sob o empuxo. Se a posição do muro é fixa, o empuxo de terras conservará um valor próximo ao do empuxo das terras em repouso. Porém, logo que o muro começa a transladar, o solo se deforma com a massa de solo adjacente, do estado de repouso para o estado ativo de equilíbrio plástico.

Deste modo, se um muro de arrimo pode suportar o empuxo ativo das terras, ele não rompe. Embora a face interna dos muros de arrimo seja áspera, Rankine supôs que fossem lisas na elaboração de sua hipótese.

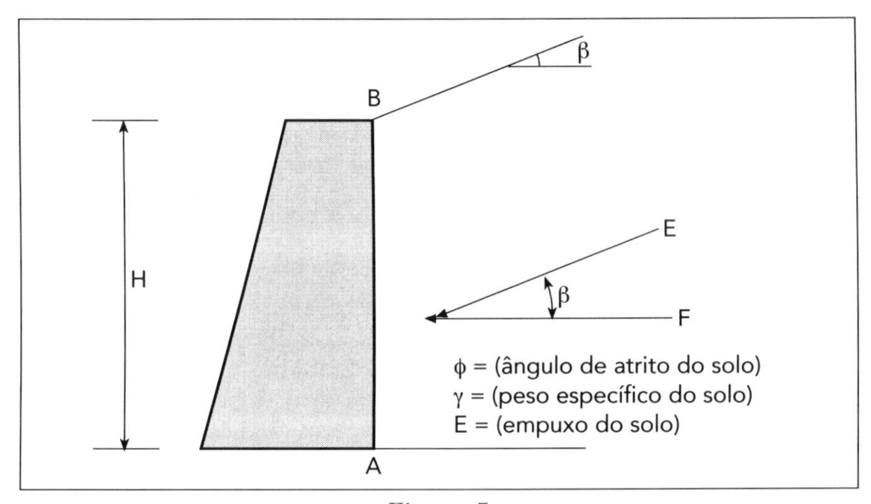

Figura 5

$$Ka = \cos\beta \cdot \frac{\cos\beta - \sqrt{\cos^2\beta - \cos^2\phi}}{\cos\beta + \sqrt{\cos^2\beta - \cos^2\phi}}$$

$$Kp = \cos\beta \cdot \frac{\cos\beta + \sqrt{\cos^2\beta - \cos^2\phi}}{\cos\beta - \sqrt{\cos^2\beta - \cos^2\phi}}$$

$$p_A = Ka \cdot \gamma \cdot H - 2 \cdot C \cdot \sqrt{KA} \qquad \text{(ativo)}$$

$$p_p = Kp \cdot \gamma \cdot H + 2 \cdot C \cdot \sqrt{KP} \qquad \text{(passivo)}$$

$$zc = \frac{2C}{\gamma\sqrt{KA}}$$

TABELA 1.2.A — Coeficiente de empuxo ativo *Ka* (Rankine)

β	ϕ							
	10	12	15	18	20	22	24	26
0	0,7041	0,6558	0,5888	0,5279	0,4903	0,4555	0,4217	0,3905
5	0,7352	0,6788	0,6046	0,5392	0,4996	0,4627	0,4282	0,3959
10	0,9848	0,7799	0,6636	0,5789	0,5312	0,4883	0,4492	0,4134
15	0	0	0,9659	0,6785	0,6028	0,5429	0,4923	0,4480
20	0	0	0	0	0,9397	0,6768	0,5830	0,5152
25	0	0	0	0	0	0	0	0,6999
30	0	0	0	0	0	0	0	0
35	0	0	0	0	0	0	0	0
40	0	0	0	0	0	0	0	0

β	28	30	32	34	36	38	40	42
0	0,3610	0,3333	0,3073	0,2827	0,2596	0,2379	0,2147	0,1982
5	0,3656	0,3372	0,3105	0,2855	0,2620	0,2399	0,2192	0,1997
10	0,3802	0,3495	0,3210	0,2944	0,2696	0,2464	0,2247	0,2044
15	0,4086	0,3730	0,3405	0,3106	0,2834	0,2581	0,2346	0,2129
20	0,4605	0,4142	0,3739	0,3381	0,3060	0,2769	0,2504	0,2262
25	0,5727	0,4936	0,4336	0,3847	0,3431	0,3070	0,2750	0,2465
30	0	0,8660	0,5741	0,4776	0,4105	0,3582	0,3151	0,2784
35	0	0	0	0	0,5971	0,4677	0,3906	0,3340
40	0	0	0	0	0	0	0,7660	0,4668

TABELA 1.2.B — Coeficiente de empuxo ativo *Kp* (Rankine)

β	ϕ							
	10	12	15	18	20	22	24	26
0	1,4203	1,5250	1,6984	1,8944	2,0396	2,1980	2,3712	2,5611
5	1,3499	1,4620	1,6415	1,8404	1,9864	2,1450	2,3179	2,5070
10	0,9848	1,2435	1,4616	1,6752	1,8257	1,9862	2,1589	2,3463
15	0	0	0,9659	1,3751	1,5478	1,7186	1,8954	2,0826
20	0	0	0	0	0,9397	1,3047	1,5146	1,7141
25	0	0	0	0	0	0	0	1,1736
30	0	0	0	0	0	0	0	0
35	0	0	0	0	0	0	0	0
40	0	0	0	0	0	0	0	0

β	28	30	32	34	36	38	40	42
0	2,7698	3,0000	3,2546	3,5371	3,8518	4,2037	4,5989	5,0447
5	2,7145	2,9431	3,1957	3,4757	3,7875	4,1360	4,5272	4,9684
10	1,5507	2,7748	3,0216	3,2946	3,5979	3,9365	4,3161	4,7437
15	2,2836	2,5017	2,7401	3,0024	3,2925	3,6154	3,9766	4,3827
20	1,9175	2,1318	2,3618	2,6116	2,8857	3,1888	3,5262	3,9044
25	1,4343	1,6641	1,8942	2,1352	2,3938	2,6758	2,9867	3,3328
30	0	0,8660	1,3064	1,5705	1,8269	2,0937	2,3802	2,6940
35	0	0	0	0	1,1238	1,4347	1,7177	2,0088
40	0	0	0	0	0	0	0,7660	1,2570

Exemplo 1.2.A

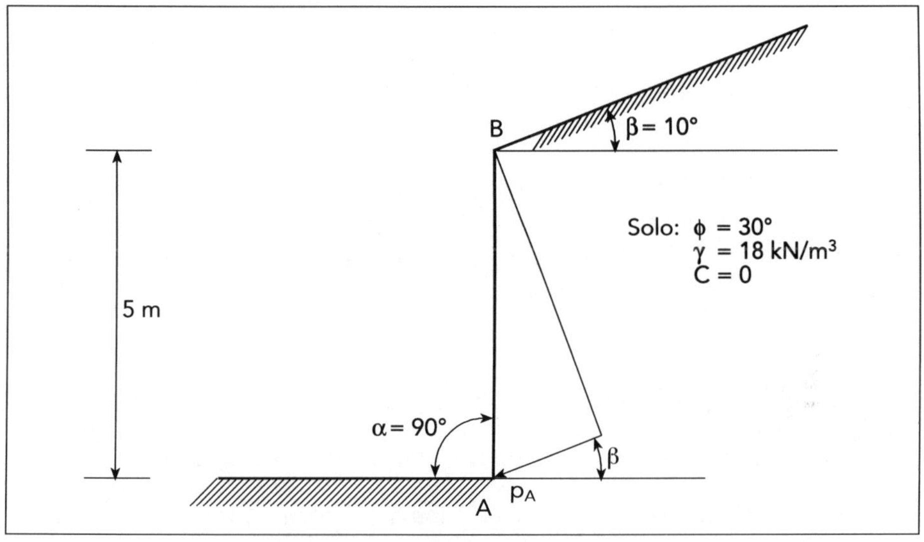

Figura 6

Da Tabela 1.2.A temos: Ka = 0,3495 e (B) Kp = 2,7748.

$$p_A = Ka \cdot \gamma \cdot H = 0{,}395 \cdot 18 \cdot 5 = 31{,}45 \text{ kN/m}^2.$$

Exemplo 1.2.B

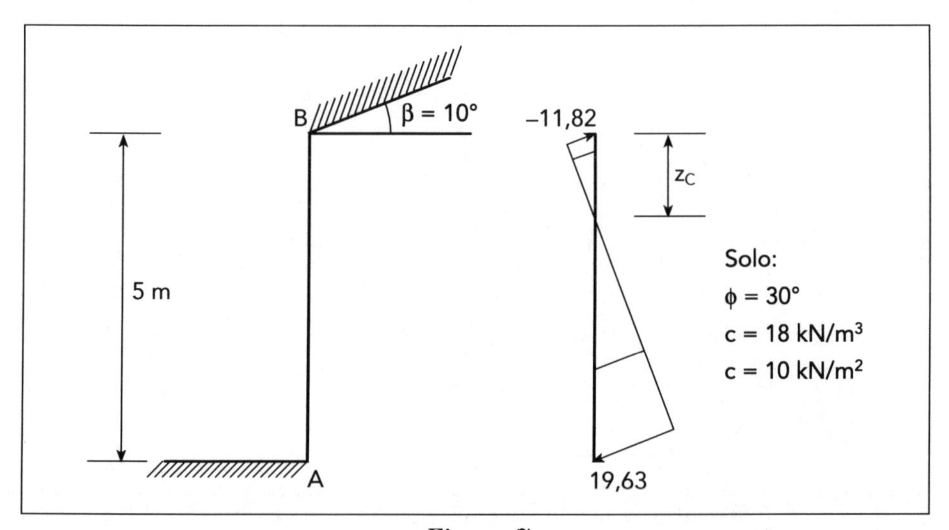

Figura 7

O mesmo exemplo anterior com solo: C = 10 kN/m^2 (coesão)

$$p_A = KA \cdot \gamma \cdot H - 2 \cdot C \cdot \sqrt{KA}$$

$$p_A = 0{,}3495 \times 18 \times 5 - 2 \times 10 \times \sqrt{0{,}3495} = 19{,}63 \text{ kN/m}^2$$

$$p_B = -2C\sqrt{KA} = -2 \times 10 \times \sqrt{0{,}3495} = -11{,}82 \text{ kN/m}^2$$

$$zc = \frac{2C}{\gamma\sqrt{Ka}}$$

$$zc = \frac{2 \times 10}{18 \times \sqrt{0{,}3495}} = 1{,}88 \text{ m}$$

1.3 – EMPUXOS DE TERRA EM MUROS DE CONTENÇÃO — COULOMB

As hipóteses para o cálculo do empuxo de terra são as seguintes:

a) Solo isotrópico e homogêneo que possui atrito interno e coesão.

b) A superfície de ruptura é uma superfície plana, o que não é verdadeiro, mas simplifica os cálculos.

c) As forças de atrito são distribuídas uniformemente ao longo do plano de ruptura e vale f = tg ϕ (f = coeficiente de atrito).

d) A cunha de ruptura é um corpo rígido.

e) Existe atrito entre o terreno e a parede do muro.

f) Ruptura é um problema em duas dimensões.

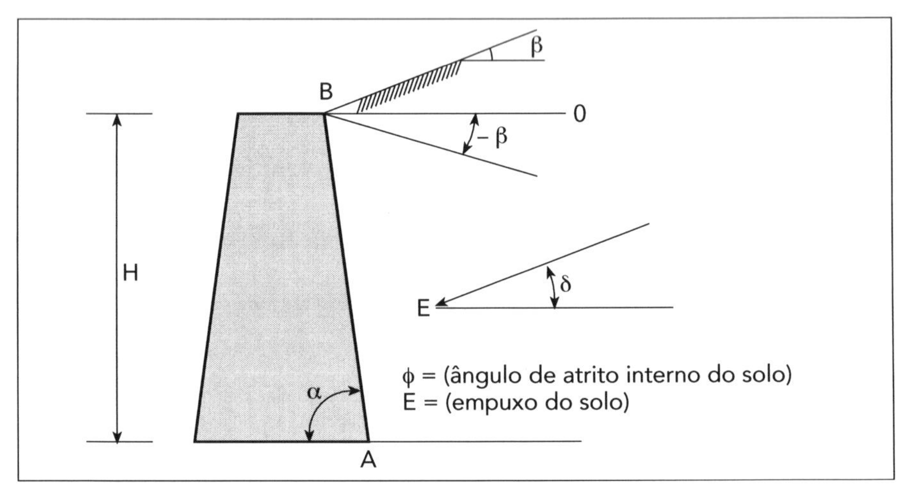

Figura 8

$$Ka = \frac{\text{sen}^2(\alpha + \phi)}{\text{sen}^2\alpha \cdot \text{sen}(\alpha - \delta) \cdot \left[1 + \sqrt{\frac{\text{sen}(\phi + \delta) \cdot \text{sen}(\phi - \beta)}{\text{sen}(\alpha - \delta) \cdot \text{sen}(\alpha + \beta)}}\right]^2}$$

$$Kp = \frac{\text{sen}^2(\alpha - \phi)}{\text{sen}^2\alpha \cdot \text{sen}(\alpha + \delta) \cdot \left[1 - \sqrt{\frac{\text{sen}(\phi + \delta) \cdot \text{sen}(\phi + \beta)}{\text{sen}(\alpha + \delta) \cdot \text{sen}(\alpha + \beta)}}\right]^2}$$

$$p_A = Ka \cdot \gamma \cdot H - 2 \cdot C \cdot \sqrt{KA} \qquad \text{(ativo)}$$

$$p_p = Kp \cdot \gamma \cdot H + 2 \cdot C \cdot \sqrt{KP} \qquad \text{(passivo)}$$

$$zc = \frac{2C}{\gamma\sqrt{Ka}}$$

TABELA 1.3.A — Coeficiente de empuxo ativo *Ka* (Coulomb)					
$\alpha = 90°$ e $\beta = 0°$					
ϕ	δ				
	0	16	17	20	22
10	0,7041	0,6145	0,6122	0,6070	0,6049
12	0,6558	0,5724	0,5702	0,5650	0,5628
15	0,5888	0,5153	0,5133	0,5084	0,5062
18	0,5279	0,4640	0,4622	0,4578	0,4559
20	0,4903	0,4325	0,4309	0,4269	0,4251
22	0,4550	0,4029	0,4014	0,3978	0,3962
24	0,4217	0,3750	0,3737	0,3705	0,3690
26	0,3905	0,3487	0,3475	0,3447	0,3434
28	0,3610	0,3239	0,3228	0,3203	0,3193
30	0,3333	0,3004	0,2994	0,2973	0,2964
32	0,3073	0,2782	0,2773	0,2755	0,2748
34	0,2827	0,2571	0,2564	0,2549	0,2544
36	0,2596	0,2372	0,2366	0,2354	0,2350
38	0,2379	0,2184	0,2179	0,2169	0,2166
40	0,2174	0,2006	0,2002	0,1994	0,1992
42	0,1982	0,1837	0,1834	0,1828	0,1827

TABELA 1.3.A — Coeficiente de empuxo ativo *Ka* (Coulomb) (continuação)

$\alpha = 90°$ e $\beta = 5°$					
ϕ	δ				
	0	16	17	20	22
10	0,7687	0,7009	0,6998	0,6983	0,6986
12	0,7117	0,6427	0,6413	0,6386	0,6382
15	0,6347	0,5694	0,5678	0,5645	0,5635
18	0,5660	0,5069	0,5054	0,5021	0,5008
20	0,5240	0,4696	0,4682	0,4650	0,4638
22	0,4848	0,4352	0,4338	0,4309	0,4297
24	0,4482	0,4032	0,4019	0,3992	0,3982
26	0,4139	0,3733	0,3722	0,3698	0,3688
28	0,3817	0,3454	0,3444	0,3422	0,3414
30	0,3516	0,3192	0,3183	0,3165	0,3158
32	0,3233	0,2946	0,2939	0,2923	0,2917
34	0,2968	0,2715	0,2709	0,2695	0,2691
36	0,2720	0,2498	0,2492	0,2481	0,2478
38	0,2487	0,2293	0,2289	0,2280	0,2278
40	0,2269	0,2101	0,2097	0,2090	0,2089
42	0,2064	0,1920	0,1917	0,1912	0,1911

TABELA 1.3.A — Coeficiente de empuxo ativo *Ka* (Coulomb) (continuação)

$\alpha = 90°$ e $\beta = 10°$					
ϕ	δ				
	0	16	17	20	22
10	0,9698	1,0089	1,0142	1,0321	1,0460
12	0,8115	0,7773	0,7780	0,7816	0,7855
15	0,7038	0,6545	0,6539	0,6537	0,6548
18	0,6188	0,5683	0,5674	0,5658	0,5659
20	0,5692	0,5206	0,5196	0,5177	0,5174
22	0,5237	0,4781	0,4770	0,4750	0,4746
24	0,4818	0,4396	0,4386	0,4367	0,4362
26	0,4431	0,4045	0,4036	0,4017	0,4012
28	0,4071	0,3722	0,3713	0,3696	0,3692
30	0,3737	0,3423	0,3415	0,3400	0,3396
32	0,3425	0,3145	0,3139	0,3126	0,3122
34	0,3135	0,2887	0,2881	0,2870	0,2868
36	0,2865	0,2646	0,2641	0,2632	0,2631
38	0,2612	0,2421	0,2417	0,2410	0,2409
40	0,2377	0,2211	0,2202	0,2202	0,2202
42	0,2157	0,2014	0,2011	0,2007	0,2008

TABELA 1.3.A — Coeficiente de empuxo ativo *Kp* (Coulomb)					
$\alpha = 90°$ e $\beta = 0°$					
ϕ	δ				
	0	16	17	20	22
10	1,4203	1,9539	1,9956	2,1304	2,2295
12	1,5250	2,1441	2,1936	2,3546	2,4736
15	1,6984	2,4641	2,5276	2,7349	2,8895
18	1,8944	2,8360	2,9164	3,1815	3,3811
20	2,0396	3,1191	3,2132	3,5250	3,7615
22	2,1980	3,4359	3,5461	3,9130	4,1933
24	2,3712	3,7922	3,9212	4,3536	4,6865
26	2,5611	4,1947	4,3462	4,8670	5,2534
28	2,7698	4,6520	4,8303	5,4356	5,9096
30	3,0000	5,1744	5.3850	6,1054	6,6748
32	3,2546	5,7748	6,0247	6,8861	7,5743
34	3,5371	6,4694	6,7674	7,8037	8,6410
36	3,8518	7,2788	7,6364	8,8916	9,9187
38	4,2037	8,2295	8,6615	10,1943	11,4663
40	4,5989	9,3560	9,8823	11,7715	13,3644
42	5,0447	10,7040	11,3512	13,7052	15,7261

TABELA 1.3.A — Coeficiente de empuxo ativo *Kp* (Coulomb) (continuação)

$\alpha = 90°$ e $\beta = 5°$					
ϕ	δ				
	0	16	17	20	22
10	1,5635	2,3460	2,4092	2,6154	2,7687
12	1,6875	2,5776	2,6515	2,8937	3,0751
15	1,8938	2,9759	3,0690	3,3771	3,6105
18	2,1287	3,4489	3,5665	3,9592	4,2599
20	2,3039	3,8153	3,9531	4,4158	4,7732
22	2,4964	4,2312	4,3929	4,9399	5,3661
24	2,7085	4,7056	4,8961	5,5452	6,0558
26	2,9429	5,2499	5,4753	6,2492	6,8642
28	3,2027	5,8783	6,1463	7,0742	7,8197
30	3,4918	6,6087	6,9292	8,0491	8,9597
32	3,8147	7,4641	7,8500	9,2117	10,3341
34	4,1769	8,4742	8,9423	10,6129	12,0106
36	4,5848	9,6781	10,2510	12,3215	14,0833
38	5,0465	11,1279	11,8363	14,4330	16,6854
40	5,5717	12,8945	13,7809	17,0828	20,0111
42	6,1727	15,0761	16,2006	20,4683	24,3518

TABELA 1.3.A — Coeficiente de empuxo ativo *Kp* (Coulomb) (continuação)

$\alpha = 90°$ e $\beta = 10°$					
ϕ	δ				
	0	16	17	20	22
10	1,7040	2,7837	2,8748	3,1752	3,4023
13	1,8519	3,0745	3,1805	3,5328	3,8012
15	2,0989	3,5828	3,7167	4,1659	4,5125
18	2,3823	4,1989	4,3691	4,9463	5,3980
20	2,5954	4,6847	4,8854	5,5715	6,1137
22	2,8313	5,2445	5,4824	6,3023	6,9572
24	3,0933	5,8938	6,1773	7,1632	7,9599
26	3,3854	6,6522	6,9922	8,1862	9,1637
28	3,7125	7,5449	7,9557	9,4139	10,6248
30	4,0804	8,6049	9,1055	10,9034	12,4206
32	4,4959	9,8761	10,4918	12,7334	14,6595
34	4,9678	11,4171	12,1831	15,0140	17,4973
36	5,5066	13,3089	14,2741	17,9035	21,1643
38	6,1253	15,6647	16,8992	21,6360	26,0127
40	6,8405	18,6472	20,2543	26,5688	32,6018
42	7,6732	22,4968	24,6332	33,2702	41,8640

Exemplo 1.3.A

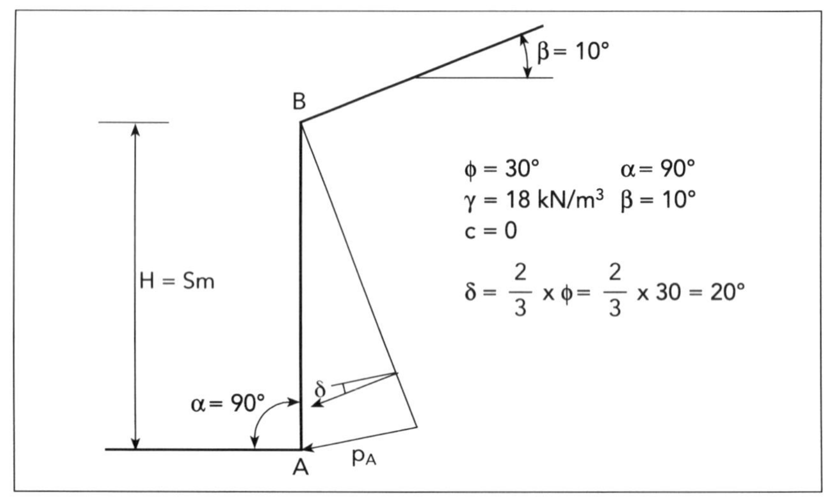

Figura 9

Da Tabela 1.3 temos:

$$Ka = 0{,}34$$

$$P_A = Ka \cdot \gamma \cdot H - 2 \cdot C \cdot \sqrt{Ka}$$

$$P_A = 0{,}34 \times 18 \times 5 - 2 \times 0\sqrt{0{,}34} = 30{,}6 \text{ kN/m}^2$$

$$P_B = 0$$

Exemplo 1.3.B

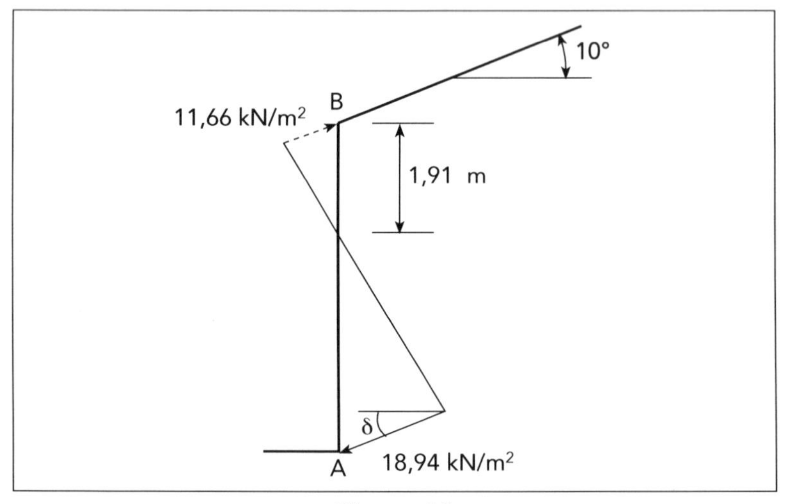

Figura 10

O mesmo exemplo (1.2.A) com solo contendo c = 10 kN/m^2 (coesão) $\delta = 20°$

$$p_A = Ka \cdot \gamma \cdot H - 2 \cdot C \cdot \sqrt{Ka} = 0{,}34 \times 20 \times 5 - 2 \times 10 \times \sqrt{0{,}34} = 18{,}94 \text{ kN/m}^2$$

$$p_B = -2 \cdot C \cdot \sqrt{Ka} = -2 \cdot 10 \cdot \sqrt{0{,}34} = -11{,}66 \text{ kN/m}^2$$

$$zc = \frac{2 \cdot C}{\gamma \cdot \sqrt{Ka}} = \frac{2 \times 10}{18 \times \sqrt{0{,}34}} \cong 1{,}91 \text{ m}$$

1.4 – EMPUXOS DE TERRA EM REPOUSO EM MUROS DE CONTENÇÃO

O cálculo do coeficiente de empuxo em repouso (K_0) que deverá ser utilizado na determinação do empuxo em estruturas de gravidade, que não devam se deslocar, foi estudado por vários autores, mas aqui, iremos apresentar apenas as equações segundo Myslèvec (1972) e segundo Jaky.

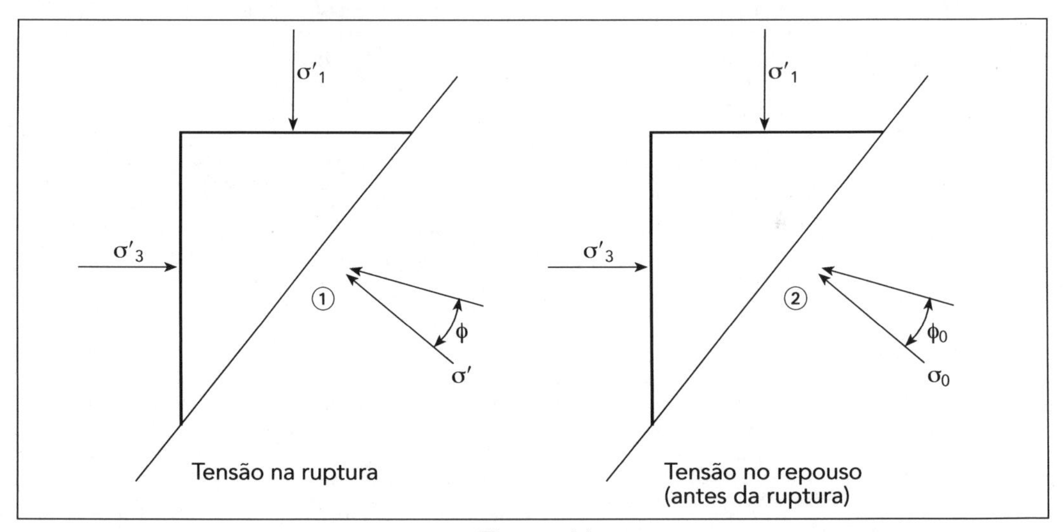

Figura 11

O ângulo ϕ_0 é chamado de ângulo de atrito estático do solo. Este ângulo de atrito estático (ϕ_0) é menor que o ângulo de atrito do solo na ruptura (ϕ), pois no empuxo em repouso, somente parte da resistência ao cisalhamento (τ) é mobilizada. Também C_0 é menor que a coesão mobilizada (C), pois no repouso somente parte da resistência ao cisalhamento é mobilizada. O valor de ϕ_0 será determinado utilizando-se a seguinte equação:

$$\text{sen } \phi_0 = \frac{\text{sen } \phi}{2 - \text{sen } \phi},$$

onde ϕ é o ângulo de atrito interno do solo na ruptura.

O valor de C_0 será determinado utilizando-se a seguinte equação:

$$C_0 = C \cdot \frac{\text{tg } \phi_0}{\text{tg } \phi} \quad \text{(coesão estática do solo)}$$

$$\sigma h = \sigma v \cdot Ka\ \phi_0 - 2 \cdot C_0 \cdot \sqrt{Ka\ \phi_0}$$

$$Ka\ \phi_0 = \text{tg}^2\left(45 - \frac{\phi_0}{2}\right) = 1 - \text{sen } \phi \quad \begin{pmatrix}\text{coeficiente de empuxo} \\ \text{em repouso ativo}\end{pmatrix}$$

onde σh é pressão horizontal; σv: pressão vertical; $Ka\ \phi_0$: coeficiente de empuxo no estado repouso-ativo.

Tabela 1.4 — Valores dos coeficientes no estado repouso-ativo

ϕ	sen(ϕ_0)	ϕ_0	Ka ϕ_0	tg(ϕ_0)/tg(ϕ)
5	0,0456	2,6115	0,9128	0,5213
8	0,0748	4,2892	0,8608	0,5337
10	0,0951	5,4559	0,8264	0,5417
12	0,1160	6,6623	0,7921	0,5495
15	0,1486	8,5485	0,7412	0,5610
18	0,1827	10,5296	0,6910	0,5721
20	0,2063	11,9049	0,6580	0,5792
22	0,2305	13,3248	0,6254	0,5862
25	0,2679	15,5408	0,5774	0,5964
28	0,3067	17,8628	0,5305	0,6061
30	0,3333	19,4712	0,5000	0,6124
32	0,3605	21,1291	0,4701	0,6185
34	0,3881	22,8370	0,4408	0,6243
36	0,4162	24,5959	0,4122	0,6300
38	0,4447	26,4063	0,3843	0,6355
40	0,4736	28,2688	0,3572	0,6409
42	0,5028	30,1839	0,3309	0,6460
45	0,5469	33,1559	0,2929	0,6533

Exemplo 1.4.A

Calcular os empuxos no muro de gravidade (muro com deslocamentos muito reduzidos).

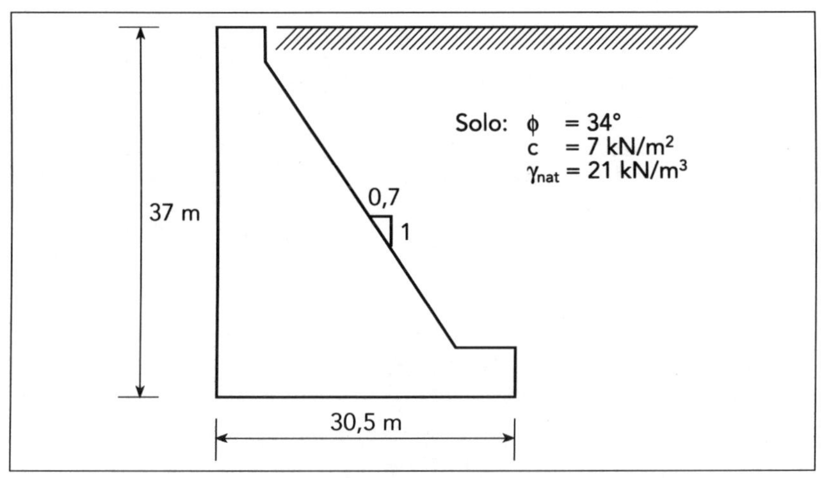

Figura 12

Em função de a estrutura ser um muro de gravidade sujeito a deslocamentos muito reduzidos, o solo adjacente ao mesmo estará em um estado de repouso-ativo.

Deste modo, utilizaremos as fórmulas de Myslèvec (1972):

$$p = \gamma \cdot z \cdot Ko_a - 2 \cdot Co \cdot \sqrt{Ko_a}$$

$$C_0 = \frac{C \cdot \text{tg } \phi_0}{\text{tg } \phi}$$

Da Tabela 1.4 temos:

$\phi = 34°$ $\phi_0 = 22{,}837°$

$Ko_a = 0{,}4408$ $C_0 = 7 \times 0{,}6243 = 4{,}3701$

$$\text{sen } \phi_0 = \frac{\text{sen } \phi}{2 - \text{sen } \phi} = \frac{\text{sen } 34°}{2 - \text{sen } 34°} = 0{,}3881$$

$$\phi_0 = 22{,}837°$$

$$Ko_a = \text{tg}^2\left(45° - \frac{22{,}837°}{2}\right) = 0{,}4408$$

$$C_0 = \frac{C \cdot \text{tg } \phi_0}{\text{tg } \phi} = 7 \cdot \frac{\text{tg } 22{,}837°}{\text{tg } 34°} = 4{,}3704 \text{ kN/m}^2$$

$$p = \gamma \cdot z \cdot Ko_a - 2 \cdot C_0 \cdot \sqrt{Ko_a}$$

$$p = 21 \cdot z \cdot 0,4408 - 2 \times 4,3701 \times \sqrt{0,4408}$$

$$p = 9,2568\ z - 5,8029$$

para $z = 0 \rightarrow p = -5,8029$ kN/m^2

para $z = 37$ m $\rightarrow p = 9,2568 \times 37 - 5,8029 = 336,6987$ kN/m^2

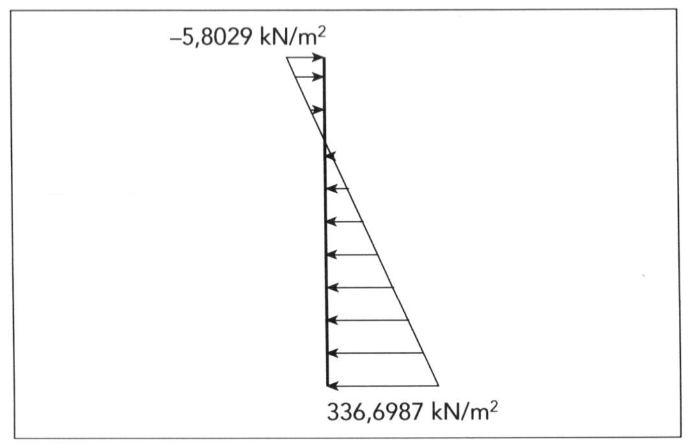

Figura 13

1.5 – EFEITO DA COMPACTAÇÃO SOBRE MUROS DE CONTENÇÃO — TERRY S. INGOLD

O efeito da compactação sobre muros tem grande influência sobre as pressões laterais. O diagrama resultante da compactação é ilustrado a seguir (Fig. 14):

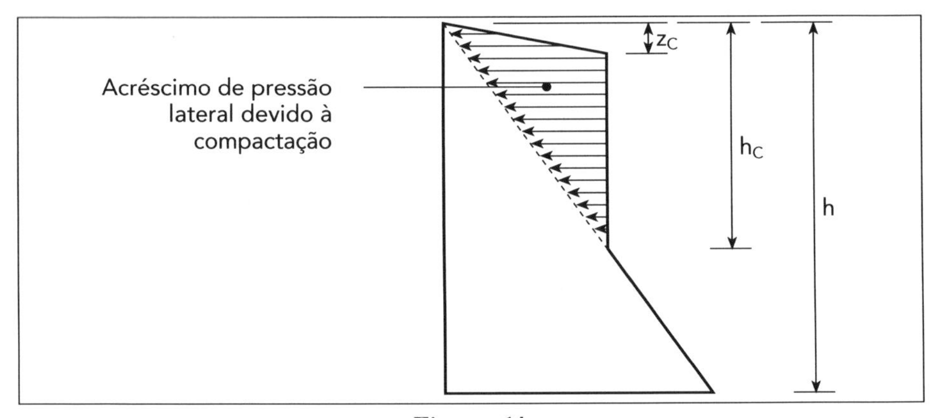

Figura 14

onde:

$$zc = \frac{-C\sqrt{Ka}}{\gamma\ (1-Ka)} + \sqrt{\frac{Ka \cdot C^2}{\gamma^2 \cdot (1-Ka)} + \frac{2 \cdot p \cdot Ka^2}{\pi \cdot \gamma \cdot (1-Ka^2)}}$$

$$\sigma h_m = Ka \cdot \left(\gamma \cdot zc + \frac{2p}{\pi \cdot zc} \right) - 2 \cdot C \cdot \sqrt{Ka}$$

$$hc = \frac{\sigma h_m}{Ka \cdot \gamma}$$

Vamos agora mostrar, por intermédio de um exemplo, o efeito da compactação e sua magnitude, em relação ao empuxo calculado por Rankine ou Coulomb.

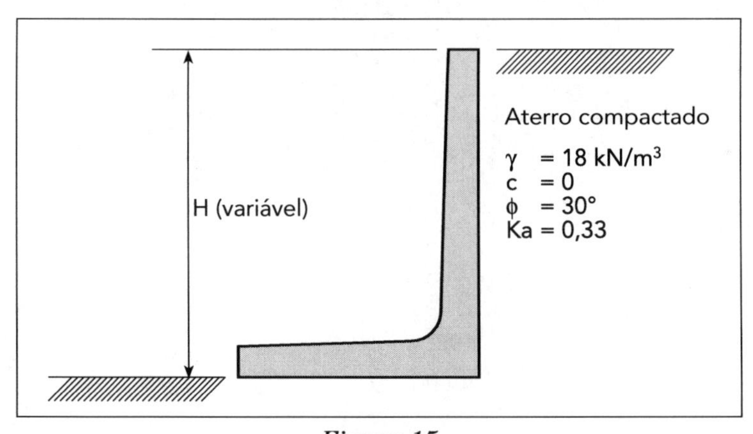

Figura 15

Vamos considerar um rolo compactador de p = 50 kN/m

$$p = \frac{\text{peso total}}{\text{largura do cilindro}}$$

a) Efeito da compactação

a.1) Cálculo de zc: $c = 0$

$$z = \sqrt{\frac{2\ p\ ka^2}{\pi \cdot p \cdot (1-Ka^2)}} = \sqrt{\frac{2 \times 50 \times 0{,}33^2}{\pi \cdot 18 \cdot (1-0{,}33^2)}} = 0{,}465 \text{ m}$$

a.2) Cálculo de σh_m: $c = 0$

$$\sigma h_m = Ka\left(\gamma \cdot zc + \frac{2p}{\pi \cdot zc}\right) = 0{,}33\left(18 \times 0{,}465 + \frac{2 \times 50}{\pi \times 0{,}465}\right)$$

$$\sigma h_m = 25{,}35 \text{ kN/m}^2$$

b) Empuxo de terra

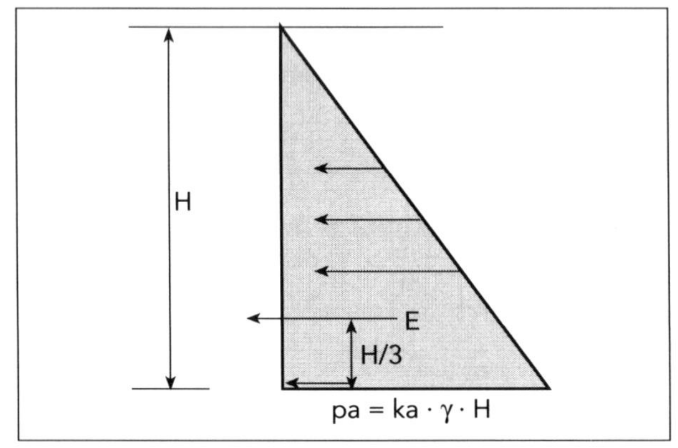

Figura 16

$$pa = Ka \cdot \gamma \cdot H - 2 \cdot C \cdot \sqrt{Ka}$$

$$pa = Ka \cdot \gamma \cdot H$$

$$\boxed{E = \frac{1}{2} \cdot Ka \cdot \gamma \cdot H^2}$$

$$\text{Empuxo} = \frac{1}{2} \cdot Ka \cdot \gamma \cdot H \cdot H = \frac{1}{2} \cdot Ka \cdot \gamma \cdot H^2$$

$$\text{Empuxo} = \frac{1}{2} \times 0{,}33 \times 18 \times H^2 = 2{,}97\ H^2$$

Cálculo de hc

$$Ka \cdot \gamma \cdot hc = \sigma hm \rightarrow hc = \frac{\sigma hm}{Ka \cdot \gamma} = \frac{25{,}35}{0{,}33 \times 18} = 4{,}27 \text{ m}$$

c) Esforços totais no muro

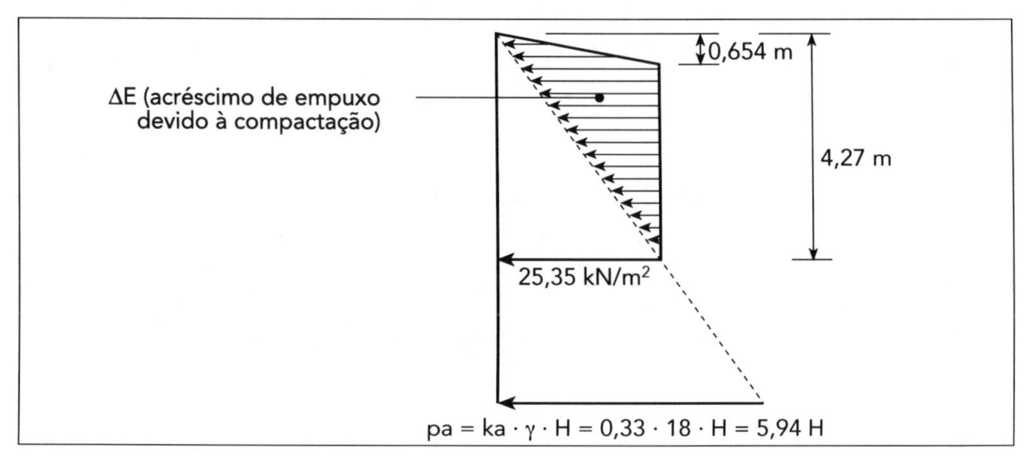

Figura 17

H (cm)	*Ea* (kN/m)	Δ*E* (kN/m)	Δ*E*/*Ea* (%)
2,0	11,88	32,92	270
3,0	26,73	43,43	162
4,0	47,52	47,98	101
5,0	74,25	48,22	65
8,0	190,08	48,22	25
10,0	297,00	48,22	16
15,0	668,25	48,22	7

para $H = 2$ m:

$$pa = Ka \cdot \gamma \cdot H = 0,33 \times 18 \times 2 = 11,88 \text{ kN/m}^2$$

$$Ea = \frac{1}{2} \cdot Ka \cdot \gamma \cdot H^2 = \frac{1}{2} \times 0,33 \times 18 \times 2^2 = 11,88 \text{ kN/m}$$

$$\Delta E = \left(\frac{2 + 1,535}{2} \times 25,35 - 11,88 \right) = 32,92 \text{ kN/m}$$

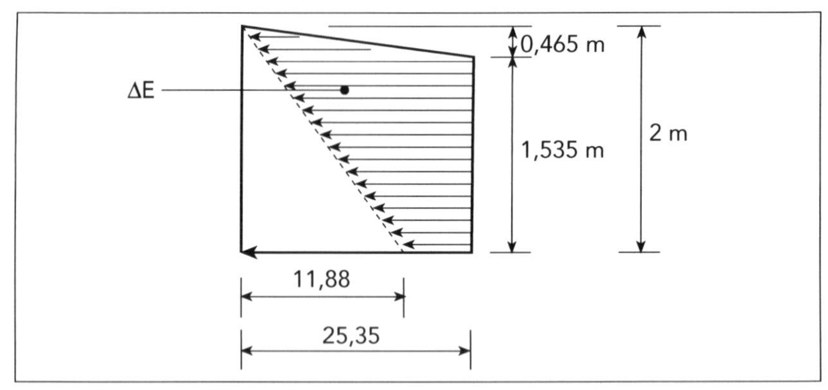

Figura 18

para H = 3 m:

$$pa = Ka \cdot \gamma \cdot H = 0{,}33 \times 18 \times 3 = 17{,}82 \text{ kN/m}^2$$

$$Ea = \frac{1}{2} \cdot Ka \cdot \gamma \cdot H^2 = \frac{1}{2} \times 0{,}33 \times 18 \times 3^2 = 26{,}73 \text{ kN/m}$$

$$\Delta E = \left(\frac{3 + 2{,}535}{2} \times 25{,}35 - 26{,}73 \right) = 43{,}426 \text{ kN/m} = 43{,}43 \text{ kN/m}$$

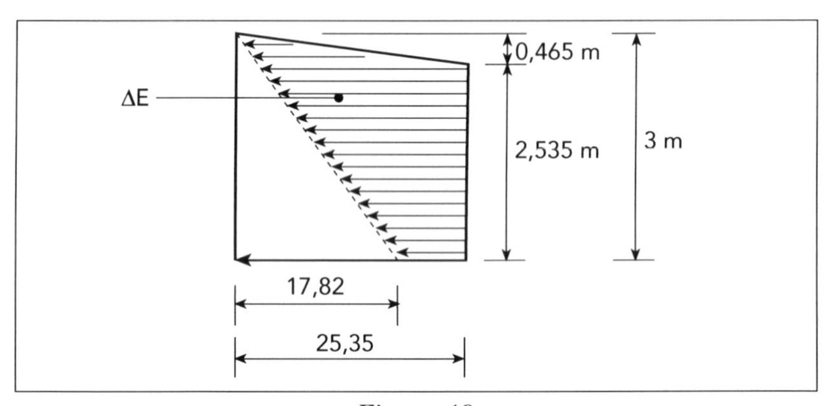

Figura 19

para H = 5 m:

$$pa = Ka \cdot \gamma \cdot H = 0{,}33 \times 18 \times 5 = 29{,}7 \text{ kN/m}^2$$

$$Ea = \frac{1}{2} \cdot Ka \cdot \gamma \cdot H^2 = \frac{1}{2} \times 0{,}33 \times 18 \times 5^2 = 74{,}25 \text{ kN/m}$$

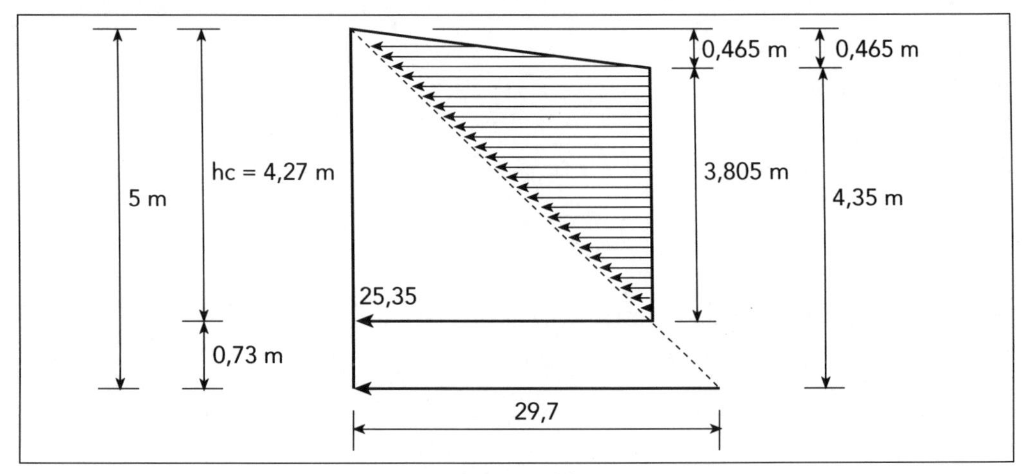

Figura 20

Vemos por esse exemplo que, para pequenas aluras, os valores de empuxo, devido à compactactação, são bastante importantes.

1.6 – EMPUXOS DEVIDOS A CARGAS ESPECIAIS

1.6.1 – Empuxos devidos a cargas distribuídas na superfície

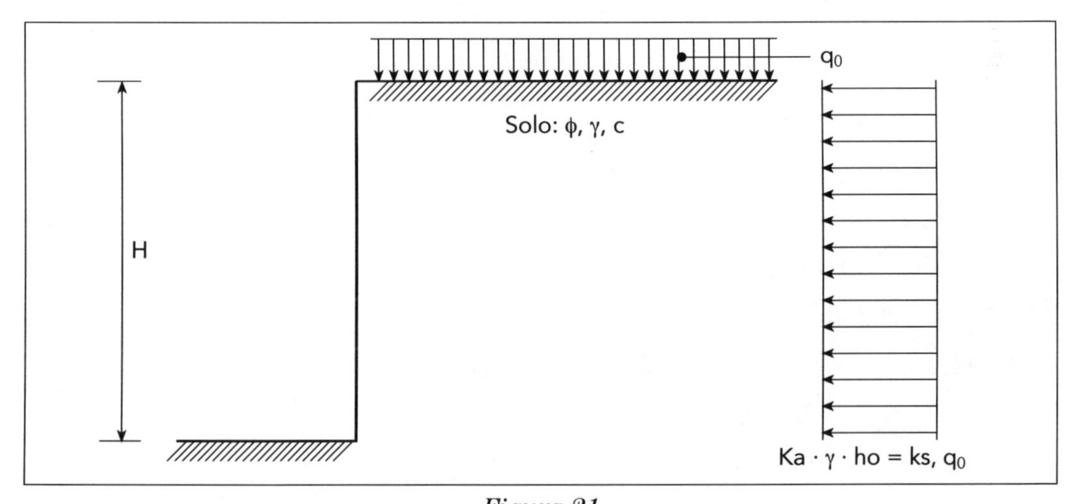

Figura 21

$$ho = \frac{qo}{\gamma} \qquad o = Ka \cdot \gamma \cdot ho = Ka \cdot qo$$

Exemplo:

Para $qo = 20$ kN/m^2 $H = 5$ m $\gamma = 18$ kN/m^3 $\phi = 30°$ $Ka = 0{,}33$ $c = 0$

$$ho = \frac{20}{18} = 1{,}11 \text{ m} \qquad Ka \cdot qo = 0{,}33 \times 20 = 6{,}6 \text{ kN/m}^2$$

1.6.2 – Empuxos devidos à água no solo: (N.A.) (Nível d'água)

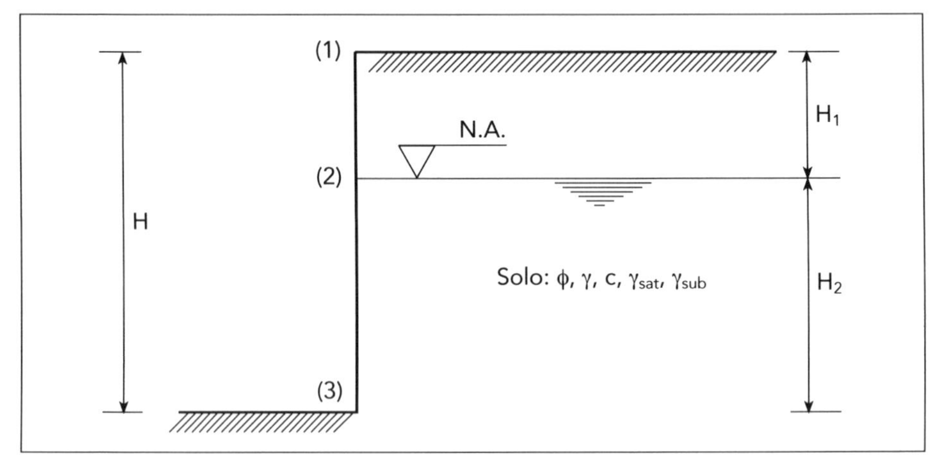

Figura 22

Pressões verticais efetivas

$$\sigma v1 = 0$$
$$\sigma v2 = \gamma \cdot H1$$
$$\sigma v3 = \gamma \cdot H1 + \gamma sub \cdot H2$$

Pressões horizontais

$$p1 = Ka \cdot \sigma v1 - 2 \cdot C \cdot \sqrt{Ka}$$
$$p2 = Ka \cdot \gamma \cdot H1 - 2 \cdot C \cdot \sqrt{Ka}$$
$$p3 = Ka \cdot \gamma \cdot H1 + Ka \cdot \gamma sub \cdot H2 - 2 \cdot C \cdot \sqrt{Ka}$$

Pressões hidrostáticas

$$pw1 = 0$$
$$pw2 = 0$$
$$pw2 = h2$$

Diagrama de pressões

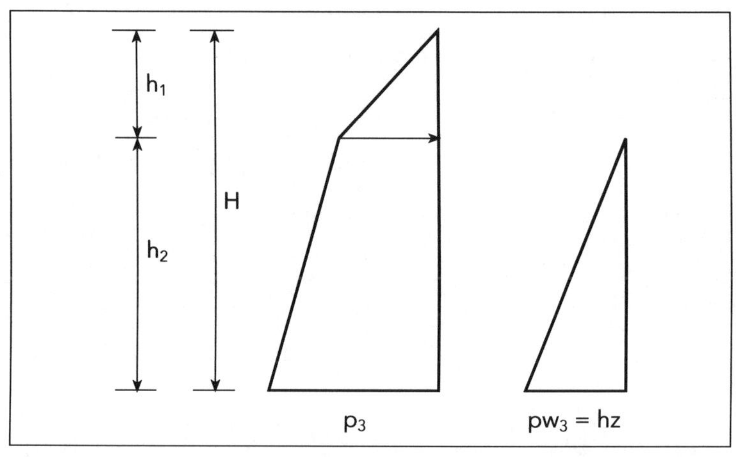

Figura 23

Exemplo:

Calcular o diagrama de pressão:

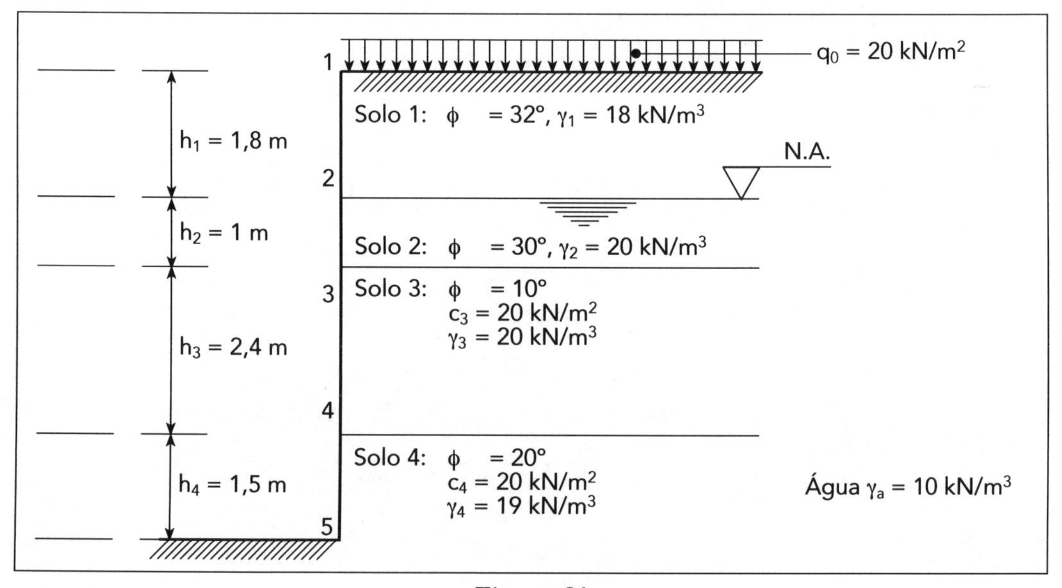

Figura 24

a) Pressões verticais efetivas

$$\sigma v_1 = p_1 = 20 \text{ kN/m}^2$$

$$\sigma v_2 = p_2 = p_1 + \gamma_1 \cdot H_1 = 20 + 18 \times 1{,}8 = 52{,}4 \text{ kN/m}^2$$

$$\sigma v_3 = p_3 = p_2 + (\gamma_2 - \gamma a) \cdot h_2 = 52{,}4 + (20 - 10) \times 1 = 62{,}4 \text{ kN/m}^2$$

$$\sigma v_4 = p_4 = p_3 + (\gamma_3 - \gamma a) \cdot h_3 = 62{,}4 + (20 - 10) \times 2{,}4 = 86{,}4 \text{ kN/m}^2$$

$$\sigma v_5 = p_5 = p_4 + (\gamma_4 - \gamma a) \cdot h_4 = 86{,}4 + (19 - 10) \times 1{,}5 = 99{,}9 \text{ kN/m}^2$$

b) Coeficiente de empuxo ativo (Rankine)

solo 1: $\phi = 32° \rightarrow Ka_1 = 0{,}3073$

solo 2: $\phi = 30° \rightarrow Ka_2 = 0{,}3333$

solo 3: $\phi = 10° \rightarrow Ka_3 = 0{,}7041$ e $\sqrt{Ka_3} = \sqrt{0{,}7041} = 0{,}8391$

solo 4: $\phi = 20° \rightarrow Ka_4 = 0{,}4903$ e $\sqrt{Ka_4} = \sqrt{0{,}4903} = 0{,}7002$

c) Empuxos horizontais do solo

Solo 1:

$$Ka_1 \cdot p_1 = 0{,}3073 \times 20 = 6{,}146 \text{ kN/m}^2$$

$$Ka_1 \cdot p_2 = 0{,}3073 \times 52{,}4 = 16{,}102 \text{ kN/m}^2$$

Solo 2:

$$Ka_2 \cdot p_2 = 0{,}3333 \times 52{,}4 = 17{,}465 \text{ kN/m}^2$$

$$Ka_2 \cdot p_3 = 0{,}3333 \times 62{,}4 = 20{,}798 \text{ kN/m}^2$$

Solo 3:

$$Ka_3 \cdot p_3 - 2 \cdot C_3 \cdot \sqrt{Ka_3} = 0{,}7041 \times 62{,}4 - 2 \times 20 \times 0{,}8391 = 10{,}37 \text{ kN/m}^2$$

$$Ka_3 \cdot p_4 - 2 \cdot C_3 \cdot \sqrt{Ka_3} = 0{,}7041 \times 86{,}4 - 2 \times 20 \times 0{,}8391 = 27{,}27 \text{ kN/m}^2$$

Solo 4:

$$Ka_4 \cdot p_4 - 2 \cdot C_4 \cdot \sqrt{Ka_4} = 0{,}4903 \times 86{,}4 - 2 \times 20 \times 0{,}7002 = 14{,}35 \text{ kN/m}^2$$

$$Ka_4 \cdot p_5 - 2 \cdot C_4 \cdot \sqrt{Ka_4} = 0{,}4903 \times 99{,}9 - 2 \times 20 \times 0{,}7002 = 20{,}97 \text{ kN/m}^2$$

d) Pressões hidrostáticas

$$pw_1 = 0$$

$$pw_2 = 0$$

$$pw_3 = \gamma a \cdot h_2 = 10 \cdot 1 = 10 \text{ kN/m}^2$$

$$pw_4 = pw_3 + \gamma a \cdot h_3 = 10 + 10 \times 2{,}4 = 34 \text{ kN/m}^2$$

$$pw_5 = pw_4 + \gamma a \cdot h_4 = 34 + 10 \times 1{,}5 = 49 \text{ kN/m}^2$$

Diagrama de pressões:

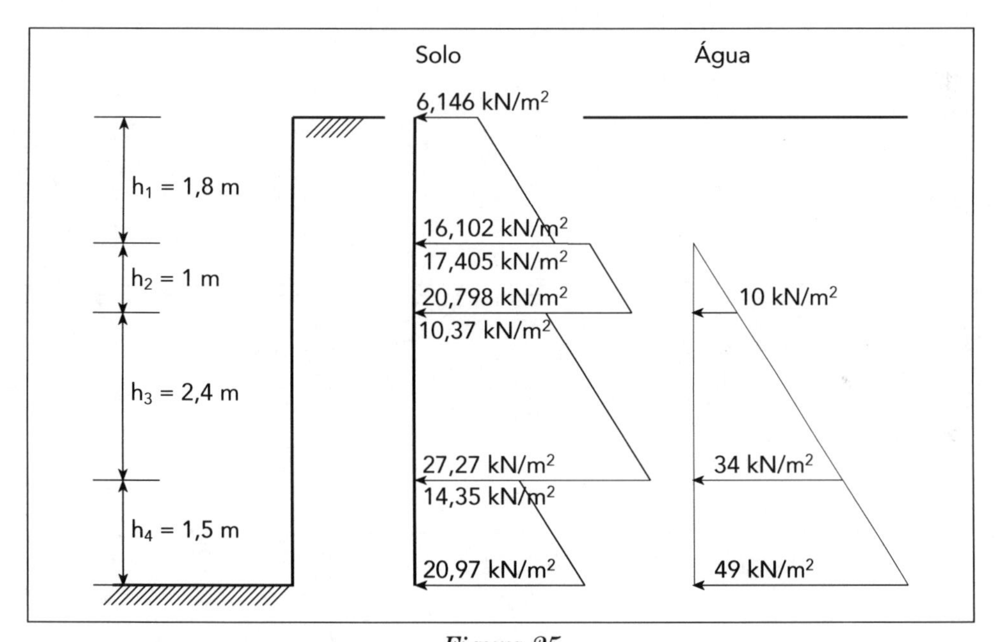

Figura 25

1.6.3 – Cargas concentradas

As pressões laterais, usando a Teoria da Elasticidade e com testes de Spangler e Wickle (1956), são apresentadas a seguir:

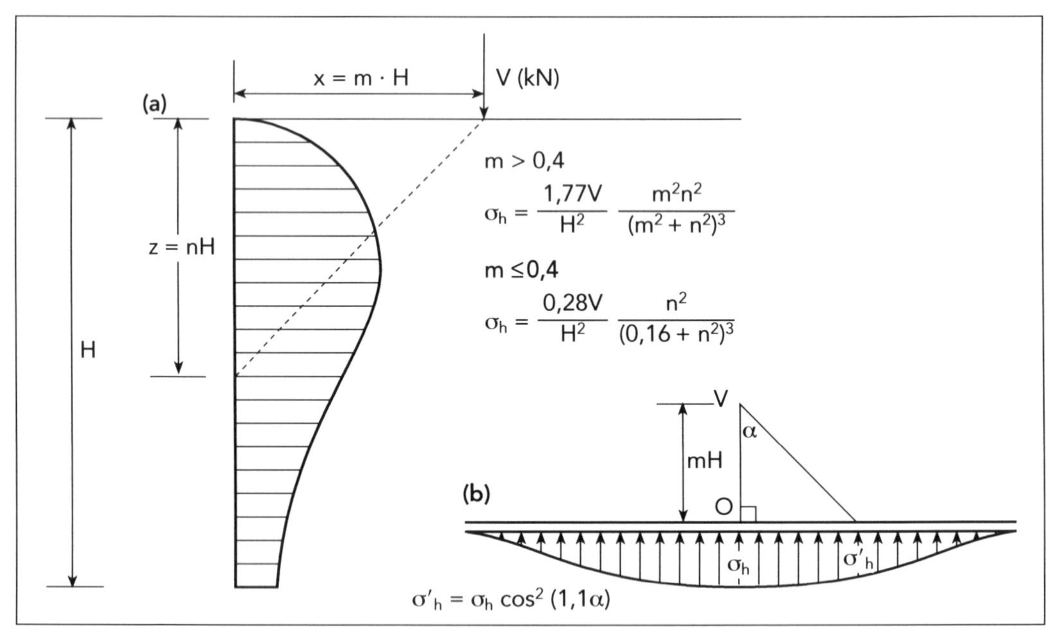

Figura 26

Exemplo:

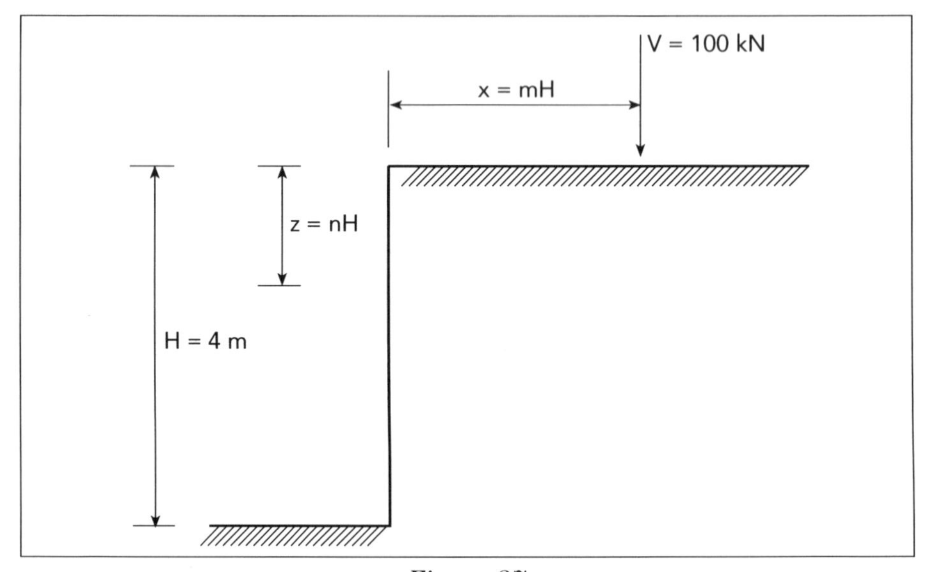

Figura 27

a) Para $m = 0{,}3 \rightarrow x = 0{,}3 \cdot 4 = 1{,}2$ m usaremos a equação para $m \leq 0{,}4$

$$\sigma h = \frac{0{,}28 \cdot V}{H^2} \cdot \frac{n^2}{(0{,}16 + n^2)^3}$$

$$n = 0{,}2 \rightarrow \sigma h = \frac{0{,}28 \cdot 100}{4^2} \cdot \frac{0{,}2^2}{(0{,}16 + 0{,}2^2)^3} = 8{,}75 \text{ kN/m}^2$$

$$n = 0{,}4 \rightarrow \sigma h = \frac{0{,}28 \cdot 100}{4^2} \cdot \frac{0{,}4^2}{(0{,}16 + 0{,}4^2)^3} = 8{,}55 \text{ kN/m}^2$$

$$n = 0{,}6 \rightarrow \sigma h = \frac{0{,}28 \cdot 100}{4^2} \cdot \frac{0{,}6^2}{(0{,}16 + 0{,}6^2)^3} = 4{,}48 \text{ kN/m}^2$$

$$n = 0{,}8 \rightarrow \sigma h = \frac{0{,}28 \cdot 100}{4^2} \cdot \frac{0{,}8^2}{(0{,}16 + 0{,}8^2)^3} = 2{,}19 \text{ kN/m}^2$$

$$n = 1{,}0 \rightarrow \sigma h = \frac{0{,}28 \cdot 100}{4^2} \cdot \frac{1^2}{(0{,}16 + 1^2)^3} = 1{,}12 \text{ kN/m}^2$$

Diagrama de pressões:

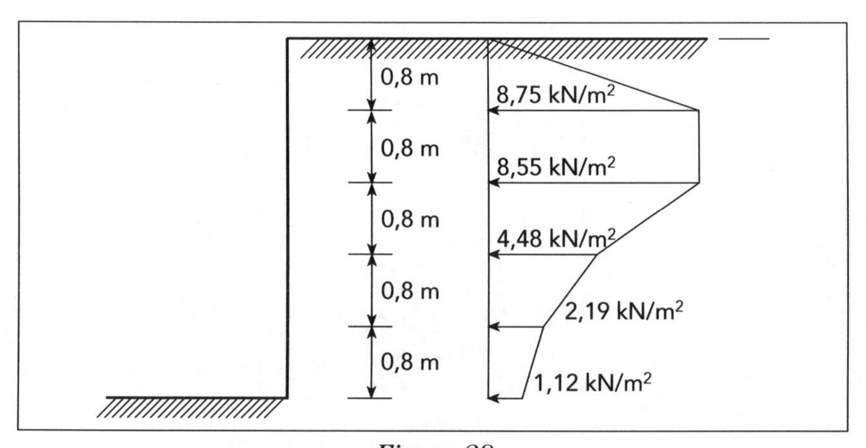

Figura 28

b) Para m = 0,5 → x = 0,5 · 4 = 2,0 m usaremos a fórmula m > 0,4

$$\sigma h = \frac{1,77 \cdot V}{H^2} \cdot \frac{m^2 \cdot n^2}{(m^2 + n^2)^3}$$

$$\text{para } n = 0,2 \rightarrow \sigma h = \frac{1,77 \cdot 100}{4^2} \cdot \frac{0,5^2 \cdot 0,2^2}{(0,5^2 + 0,2^2)^3} = 4,53 \text{ kN/m}^2$$

$$\text{para } n = 0,4 \rightarrow \sigma h = \frac{1,77 \cdot 100}{4^2} \cdot \frac{0,5^2 \cdot 0,4^2}{(0,5^2 + 0,4^2)^3} = 6,42 \text{ kN/m}^2$$

$$\text{para } n = 0,6 \rightarrow \sigma h = \frac{1,77 \cdot 100}{4^2} \cdot \frac{0,5^2 \cdot 0,6^2}{(0,5^2 + 0,6^2)^3} = 4,38 \text{ kN/m}^2$$

$$\text{para } n = 0,8 \rightarrow \sigma h = \frac{1,77 \cdot 100}{4^2} \cdot \frac{0,5^2 \cdot 0,8^2}{(0,5^2 + 0,8^2)^3} = 1,99 \text{ kN/m}^2$$

$$\text{para } n = 1,0 \rightarrow \sigma h = \frac{1,77 \cdot 100}{4^2} \cdot \frac{0,5^2 \cdot 1^2}{(0,5^2 + 1^2)^3} = 1,42 \text{ kN/m}^2$$

Diagrama de pressões:

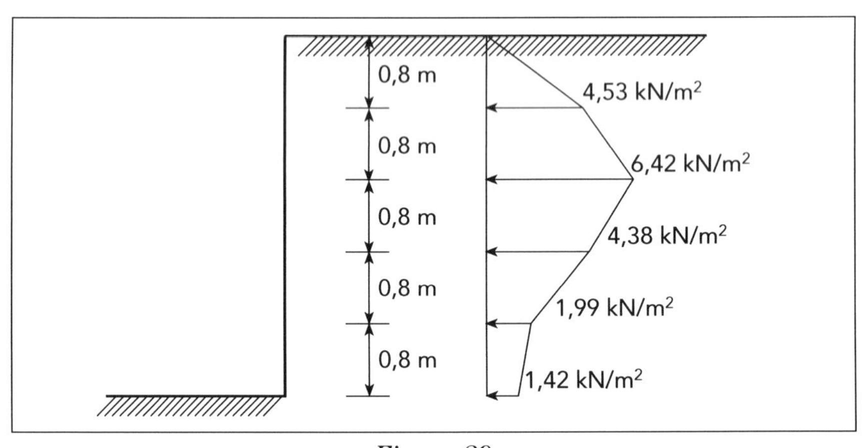

Figura 29

1.6.4 – Cargas lineares

As pressões laterais, usando a Teoria da Elasticidade e com testes de Terzaghi (1954), são apresentadas a seguir:

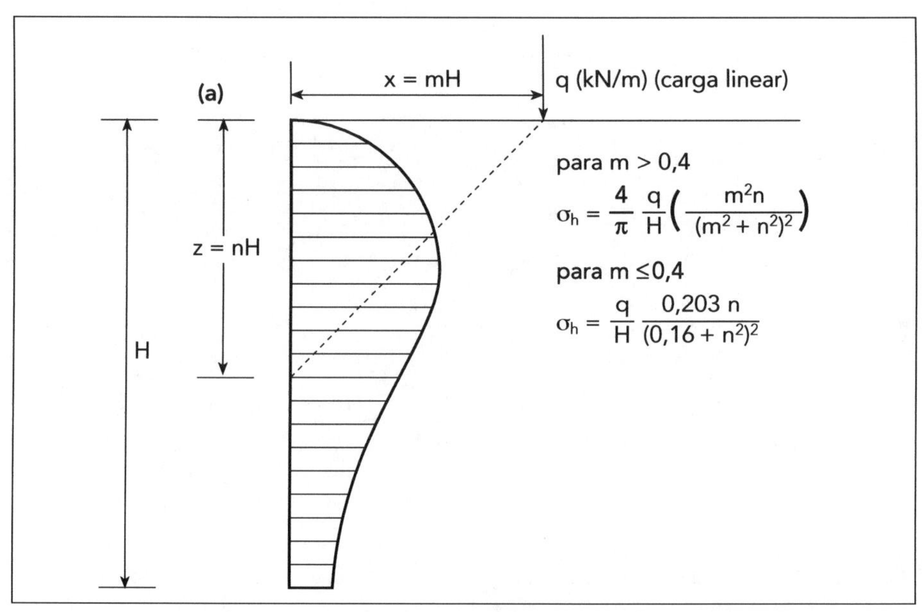

Figura 30

Exemplo:

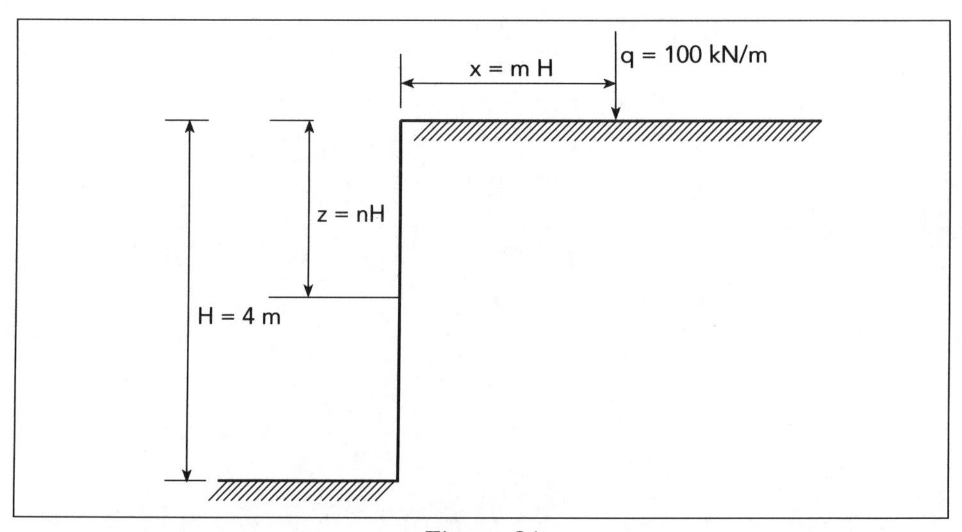

Figura 31

a) Para m = 0,3 → x = 0,3 · 4 = 1,2 m usaremos a equação para $m \leq 0{,}4$

$$\sigma h = \frac{q}{H} \cdot \frac{0{,}203 \cdot n}{(0{,}16 + n^2)^2}$$

$$n = 0{,}2 \rightarrow \sigma h = \frac{100}{4} \cdot \frac{0{,}203 \cdot 0{,}2}{(0{,}16 + 0{,}2^2)^2} = 25{,}37 \text{ kN/m}^2$$

$$n = 0{,}4 \rightarrow \sigma h = \frac{100}{4} \cdot \frac{0{,}203 \cdot 0{,}4}{(0{,}16 + 0{,}4^2)^2} = 19{,}82 \text{ kN/m}^2$$

$$n = 0{,}6 \rightarrow \sigma h = \frac{100}{4} \cdot \frac{0{,}203 \cdot 0{,}6}{(0{,}16 + 0{,}6^2)^2} = 11{,}26 \text{ kN/m}^2$$

$$n = 0{,}8 \rightarrow \sigma h = \frac{100}{4} \cdot \frac{0{,}203 \cdot 0{,}8}{(0{,}16 + 0{,}8^2)^2} = 6{,}34 \text{ kN/m}^2$$

$$n = 1{,}0 \rightarrow \sigma h = \frac{100}{4} \cdot \frac{0{,}203 \cdot 1}{(0{,}16 + 1^2)^2} = 3{,}77 \text{ kN/m}^2$$

Diagrama de pressões:

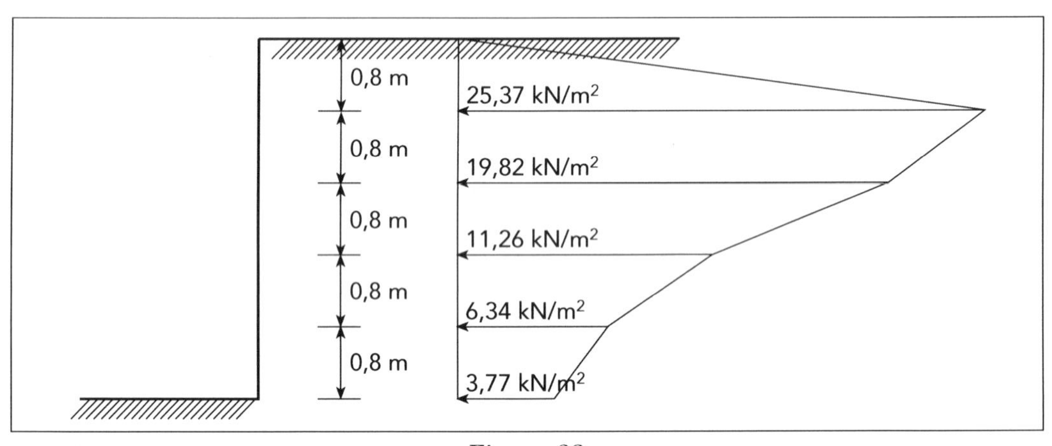

Figura 32

b) Para m = 0,5 → x = 0,5 · 4 = 2 m usaremos a equação $m > 0{,}4$

$$\sigma h = \frac{4}{\pi} \cdot \frac{q}{H} \cdot \frac{m^2 \cdot n}{(m^2 + n^2)^2}$$

$$\text{para } n = 0{,}2 \rightarrow \sigma h = \frac{4}{\pi} \cdot \frac{100}{4} \cdot \frac{0{,}5^2 \cdot 0{,}2}{(0{,}5^2 + 0{,}2^2)^2} = 18{,}92 \text{ kN/m}^2$$

$$\text{para } n = 0{,}4 \rightarrow \sigma h = \frac{4}{\pi} \cdot \frac{100}{4} \cdot \frac{0{,}5^2 \cdot 0{,}4}{(0{,}5^2 + 0{,}4^2)^2} = 18{,}93 \text{ kN/m}^2$$

$$\text{para } n = 0{,}6 \rightarrow \sigma h = \frac{4}{\pi} \cdot \frac{100}{4} \cdot \frac{0{,}5^2 \cdot 0{,}6}{(0{,}5^2 + 0{,}6^2)^2} = 12{,}3 \text{ kN/m}^2$$

$$\text{para } n = 0{,}8 \rightarrow \sigma h = \frac{4}{\pi} \cdot \frac{100}{4} \cdot \frac{0{,}5^2 \cdot 0{,}8}{(0{,}5^2 + 0{,}8^2)^2} = 8{,}04 \text{ kN/m}^2$$

$$\text{para } n = 1{,}0 \rightarrow \sigma h = \frac{4}{\pi} \cdot \frac{100}{4} \cdot \frac{0{,}5^2 \cdot 1}{(0{,}5^2 + 1^2)^2} = 5{,}09 \text{ kN/m}^2$$

Diagrama de pressões:

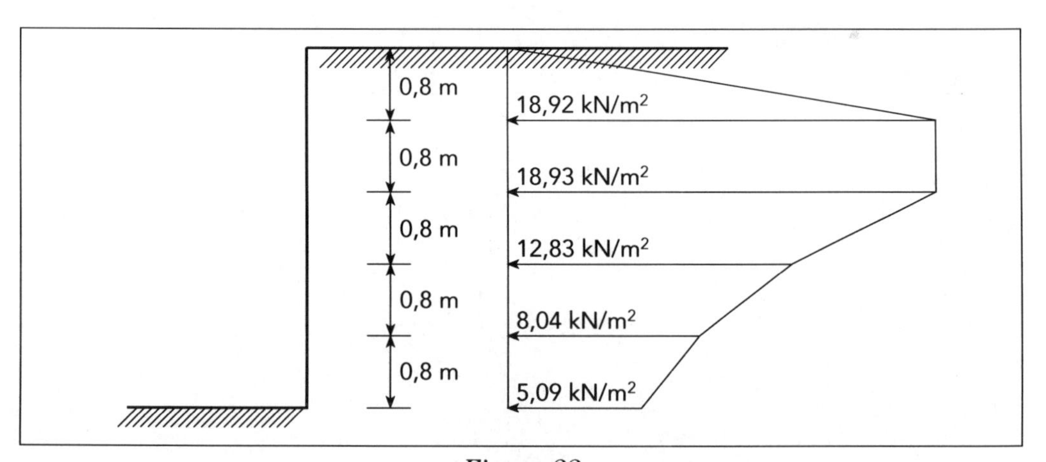

Figura 33

1.6.5 – Carga tipo sapata corrida

As pressões laterais, usando a Teoria da Elasticidade e com testes de Therzaghi (1943), são apresentadas a seguir: cargas do tipo rodovia, ferrovia, aterro sobre a superfície do terreno, paralelo ao muro de contenção.

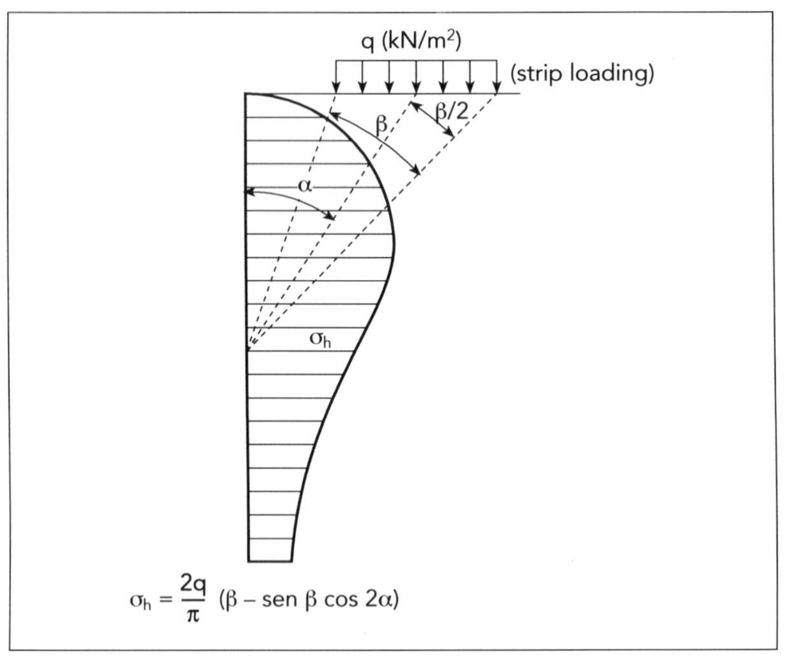

Figura 34

Exemplo:

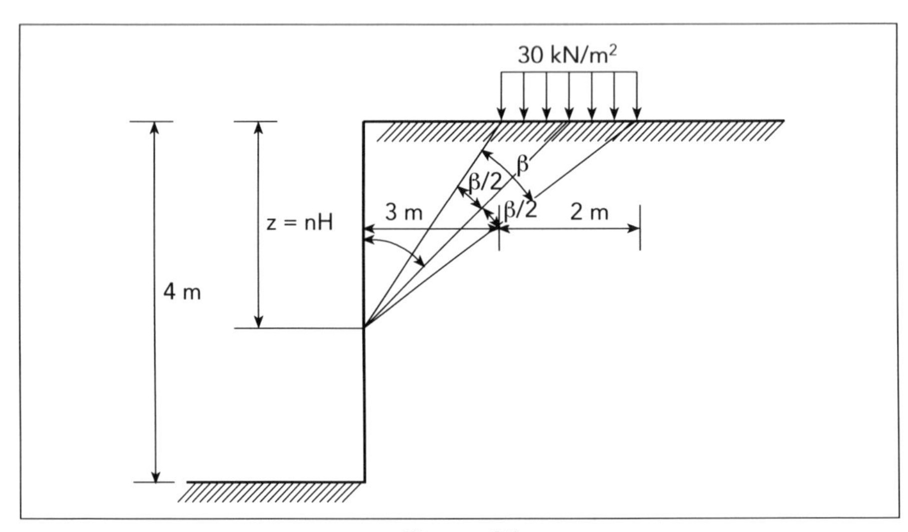

Figura 35

$$\sigma h = \frac{2q}{\pi}(\beta - \text{sen}\beta \cos 2\alpha)$$

$$n = 0{,}2 \rightarrow z = 0{,}2 \cdot 4 = 0{,}8 \text{ m}$$

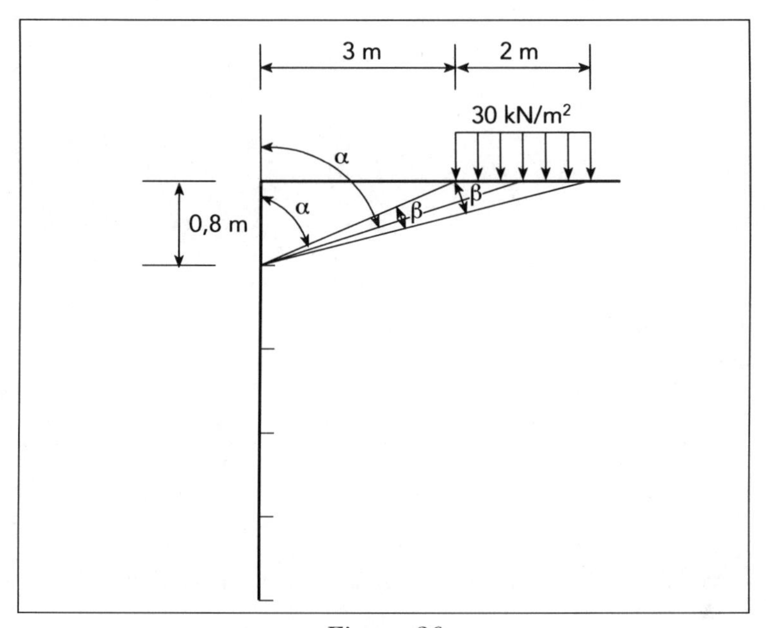

Figura 36

$$\text{tg}\alpha = \frac{3+1}{0{,}8} = 5$$

$$\alpha = \text{arctg } 5 = 1{,}372 \text{ rad}$$

$$\text{tg}\left(\alpha + \frac{\beta}{2}\right) = \frac{5}{0{,}8} = 6{,}25$$

$$\alpha + \frac{\beta}{2} = 1{,}4121 \rightarrow \beta = 0{,}0795 \text{ rad}$$

$$\sigma h = \frac{2 \cdot 30}{\pi}\big(0{,}0795 - \text{sen } (0{,}0795) \cdot \cos(2 \cdot 1{,}3724)\big) = 2{,}92 \text{ kN/m}^2$$

para n = 0,4 → z = 0,4 · 4 = 1,6 m

$$\text{tg}\alpha = \frac{3+1}{1,6} = 2,5 \rightarrow \alpha = 1,1903 \text{ rad}$$

$$\text{tg}\left(\alpha + \frac{\beta}{2}\right) = \frac{5}{1,6} = 3,125$$

$$\alpha + \frac{\beta}{2} = 1,2611 \rightarrow \beta = 0,1416 \text{ rad}$$

$$\sigma h = \frac{2 \cdot 30}{\pi}\left(0,1416 - \text{sen}(0,1416) \cdot \cos(2 \cdot 1,1903)\right) = 4,65 \text{ kN/m}^2$$

para n = 0,6 → z = 0,6 · 4 = 2,4 m

$$\text{tg}\alpha = \frac{3+1}{2,4} = 1,6667 \rightarrow \alpha = 1,0304 \text{ rad}$$

$$\text{tg}\left(\alpha + \frac{\beta}{2}\right) = \frac{5}{2,4} = 2,08$$

$$\alpha + \frac{\beta}{2} = 1,1233 \rightarrow \beta = 0,1858 \text{ rad}$$

$$\sigma h = \frac{2 \cdot 30}{\pi}\left(0,1858 - \text{sen}(0,1858) \cdot \cos(2 \cdot 1,0304)\right) = 4,96 \text{ kN/m}^2$$

para n = 0,8 → z = 0,8 · 4 = 3,2 m

$$\text{tg}\alpha = \frac{3+1}{3,2} = 1,25 \rightarrow \alpha = 0,8961 \text{ rad}$$

$$\text{tg}\left(\alpha + \frac{\beta}{2}\right) = \frac{5}{3,2} = 1,5625 \rightarrow 2 + \frac{\beta}{2} = 1,0015$$

$$\beta = 0,2108 \text{ rad}$$

$$\sigma h = \frac{2 \cdot 30}{\pi}\left(0,2108 - \text{sen}(0,1208) \cdot \cos(2 \cdot 0,8961)\right) = 4,90 \text{ kN/m}^2$$

para n = 1 → z = 4

$$\text{tg}\alpha = \frac{3+1}{4} = 1 \rightarrow \alpha = 0,7854 \text{ rad}$$

$$\text{tg}\left(\alpha + \frac{\beta}{2}\right) = \frac{5}{4} = 1,25 \rightarrow \alpha + \frac{\beta}{2} = 0,8961$$

$$\beta = 0,2213 \text{ rad}$$

$$\sigma h = \frac{2 \cdot 30}{\pi}\left(0,2213 - \text{sen}(0,2213) \cdot \cos(2 \cdot 0,7854)\right) = 4,23 \text{ kN/m}^2$$

Diagrama de pressões:

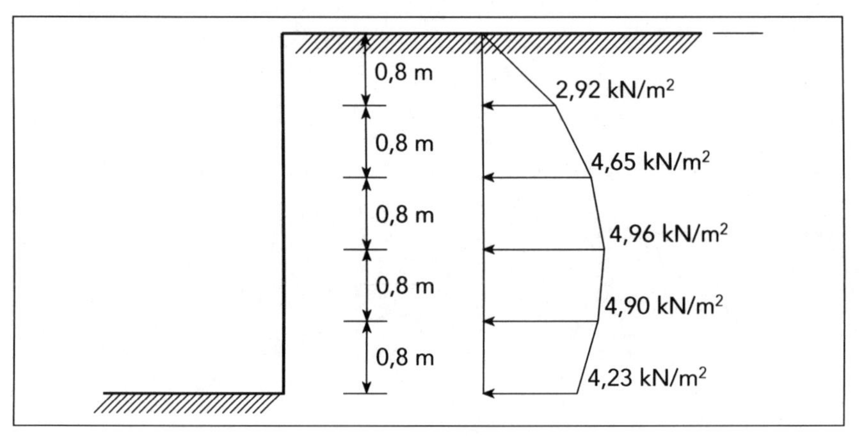

Figura 37

2 — MUROS DE ARRIMO

2.1 – MUROS DE ARRIMO POR GRAVIDADE

a) Construção de alvenaria de pedra ou concreto ciclópico

- Pré-dimensionamento

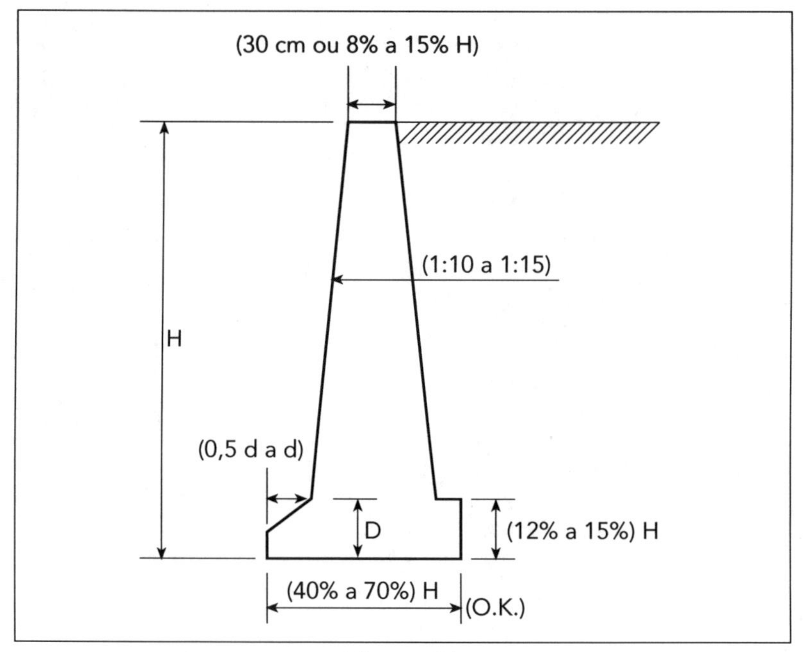

Figura 38

- Tipos em alvenaria e concreto ciclópico

Figura 39

b) Construção em concreto ciclópico

- Pré-dimensionamento

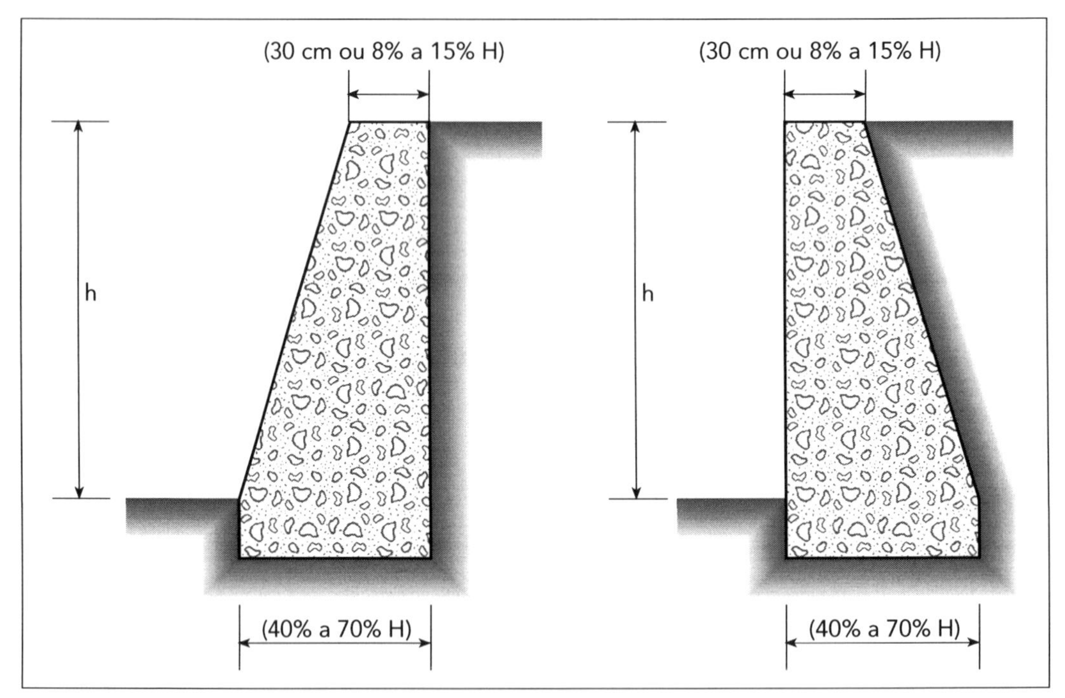

Figura 40

c) Verificação dos esforços no concreto ciclópico

- Concreto ciclópico (concreto simples)
  fck = 15 MPa
  γ = 2,2 kN/m^3 (peso específico)

- Tensões resistentes de cálculo (tração)

$$fctd = \frac{fctk_{\text{inf}}}{\gamma c} = \frac{1,27}{1,68} = 0,75 \text{ MPa}$$

$$\gamma c = 1,4 \cdot 1,2 = 1,68$$

$$fctk_{\text{inf}} = 0,7\, fctm = 0,7 \cdot (0,3 \cdot 15^{2/3}) = 1,27 \text{ MPa}$$

- Tensões resistentes de cálculo de compressão

$$\text{fibra extrema à compressão } = 0,85 \cdot fcd = 0,85 \cdot \frac{15}{1,68} = 7,59 \text{ MPa} = \sigma_{cRd}$$

$$\text{fibra extrema à tração } = 0,85 \cdot fctd = 0,85 \cdot 0,75 = 0,64 \text{ MPa} = \sigma_{ctRd}$$

- Tensões de cisalhamento resistente de cálculo

$\tau rd = 0{,}3 \cdot fctd = 0{,}3 \cdot 0{,}75 = 0{,}225$ MPa

onde:

$$\tau wd = \frac{3\ Vsd}{2 \cdot b \cdot h} \leq \tau rd$$

$$\tau wd = \frac{1{,}5\ Vsd}{\mathrm{b} \cdot \mathrm{h}} \leq 0{,}225 \text{ MPa} = \tau rd$$

2.2 – MUROS DE ARRIMO DE FLEXÃO

a) Pré-dimensionamento: (concreto armado)

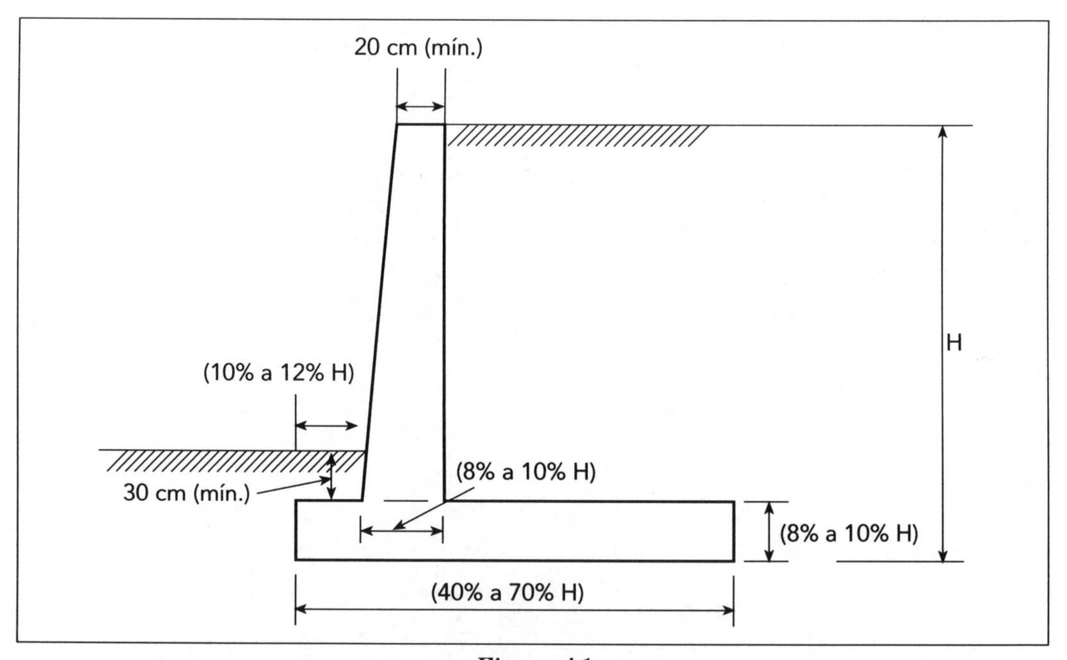

Figura 41

b) Pré-dimensionamento: (concreto armado)

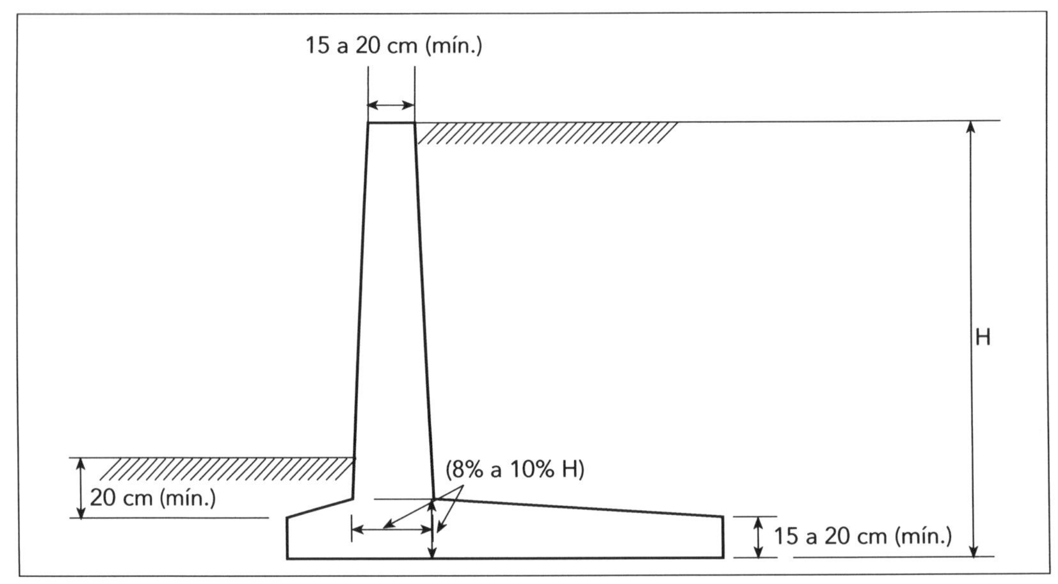

Figura 42

2.3 – MURO DE ARRIMO COM CONTRAFORTES

a) Pré-dimensionamento: (concreto armado)

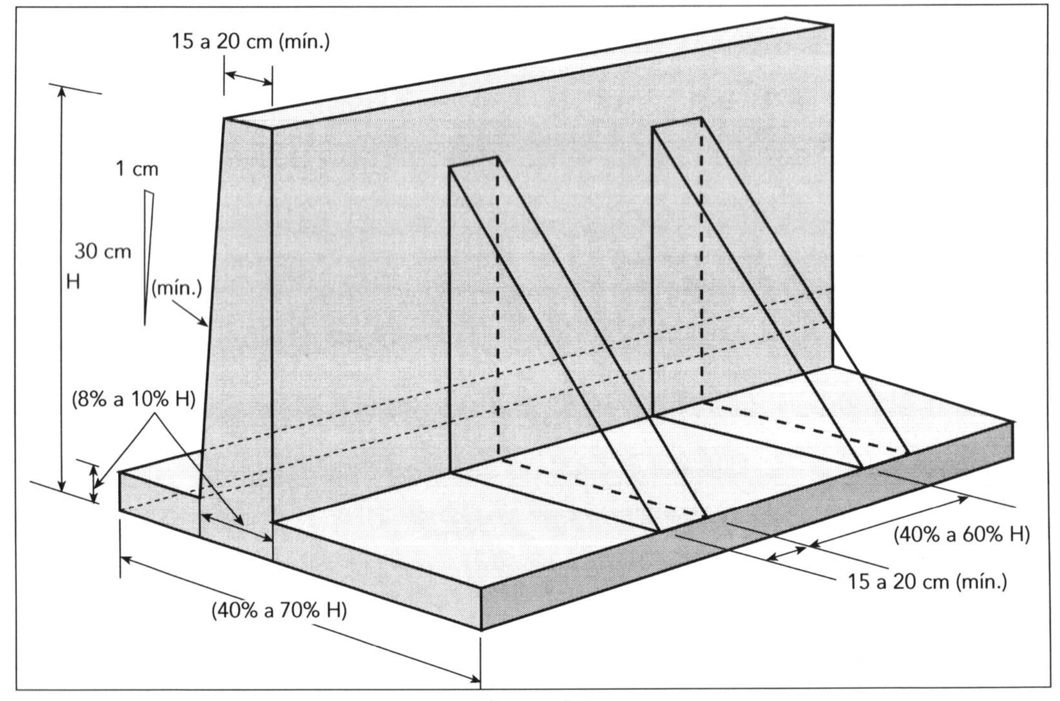

Figura 43

2.4 – CORTINAS DE ARRIMO

Cortina de divisa de terreno.

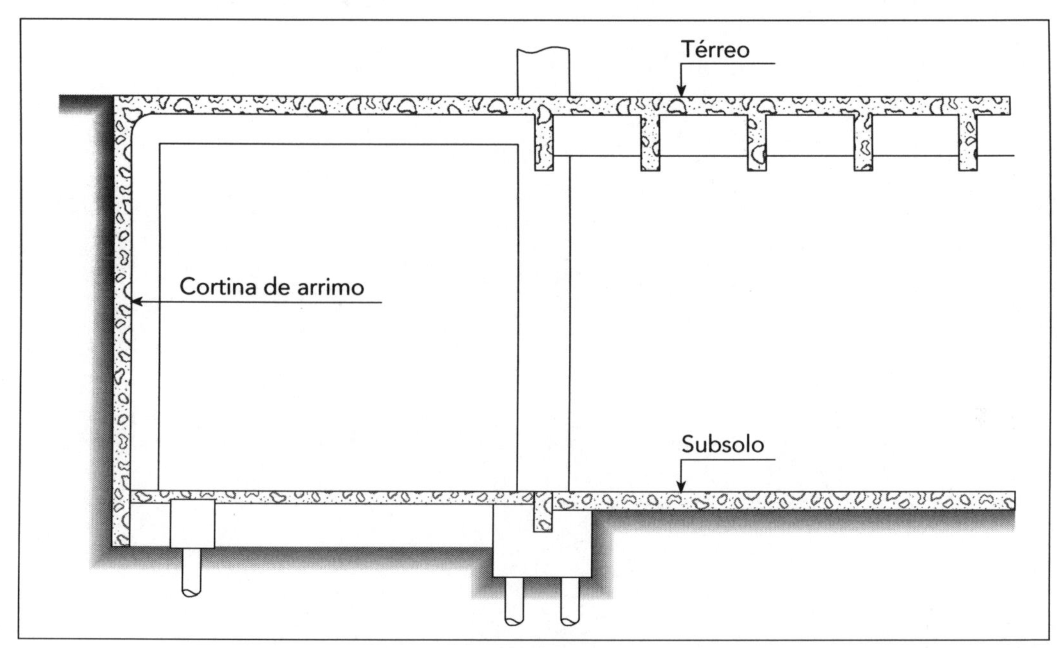

Figura 44

2.5 – MUROS DE ARRIMO ATIRANTADOS

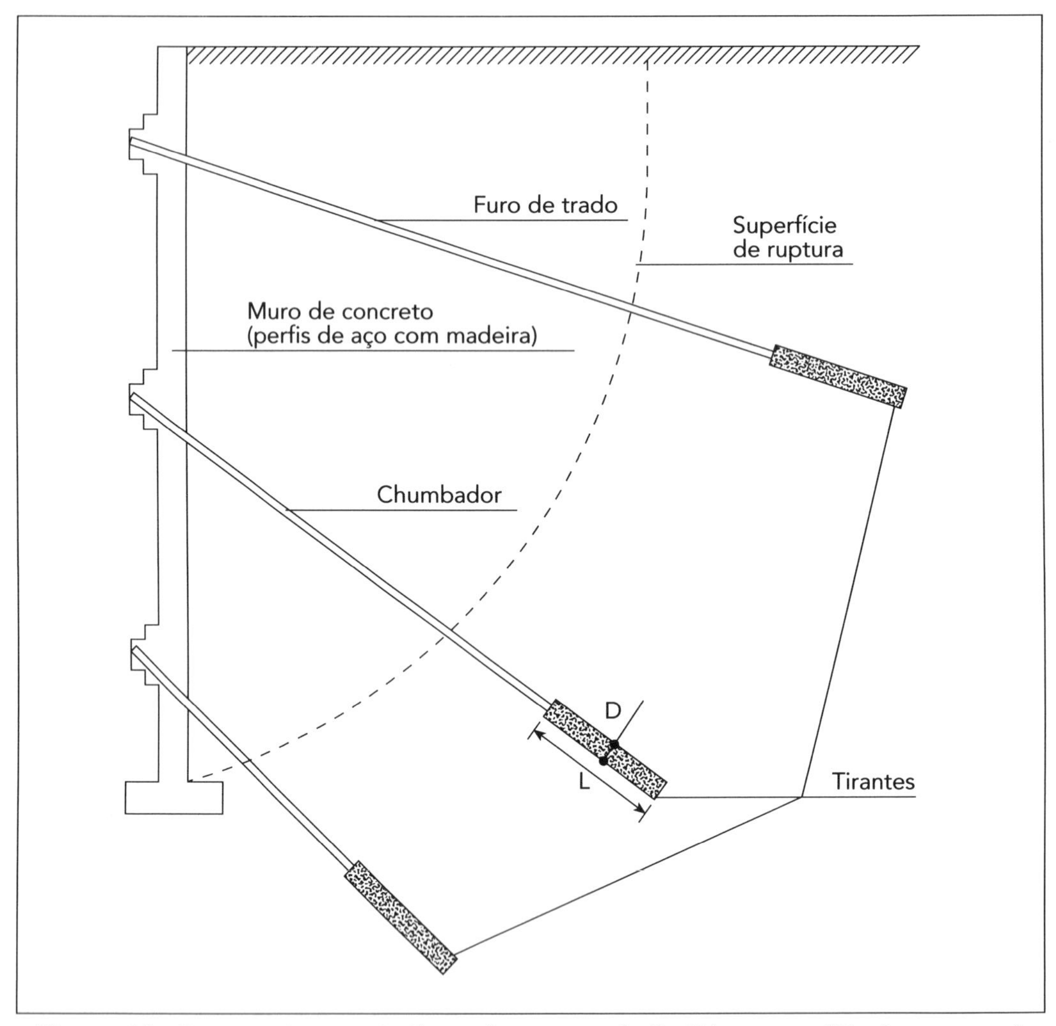

Figura 45 – L: comprimento do Grout (ancoragem); D: diâmetro médio (ancoragem)

2.6 – OUTROS TIPOS DE MUROS

a) Muro de arrimo fogueira

Pré-moldados de concreto armado e terra (*crib-wall*)

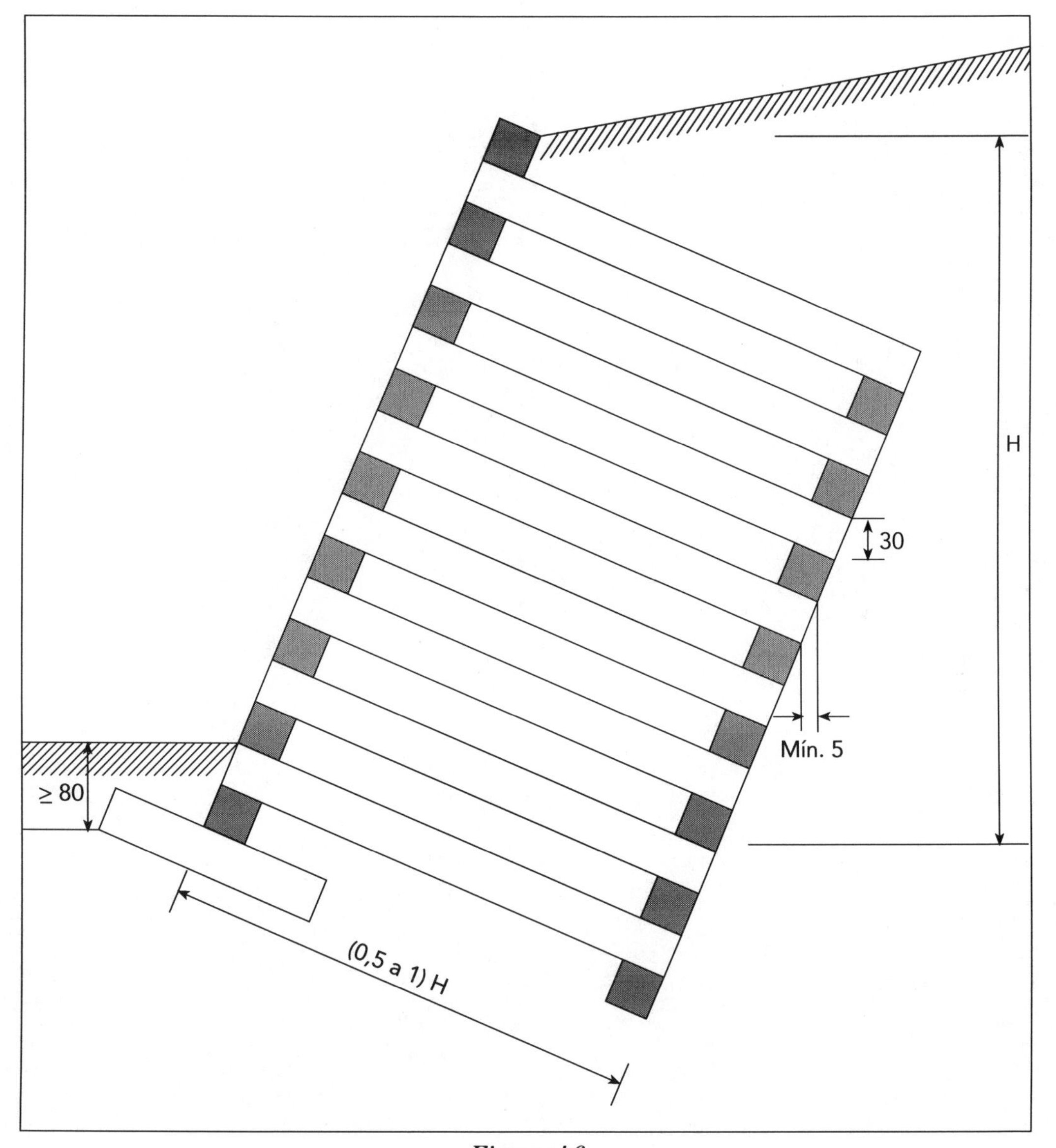

Figura 46

b) Muro estaqueado

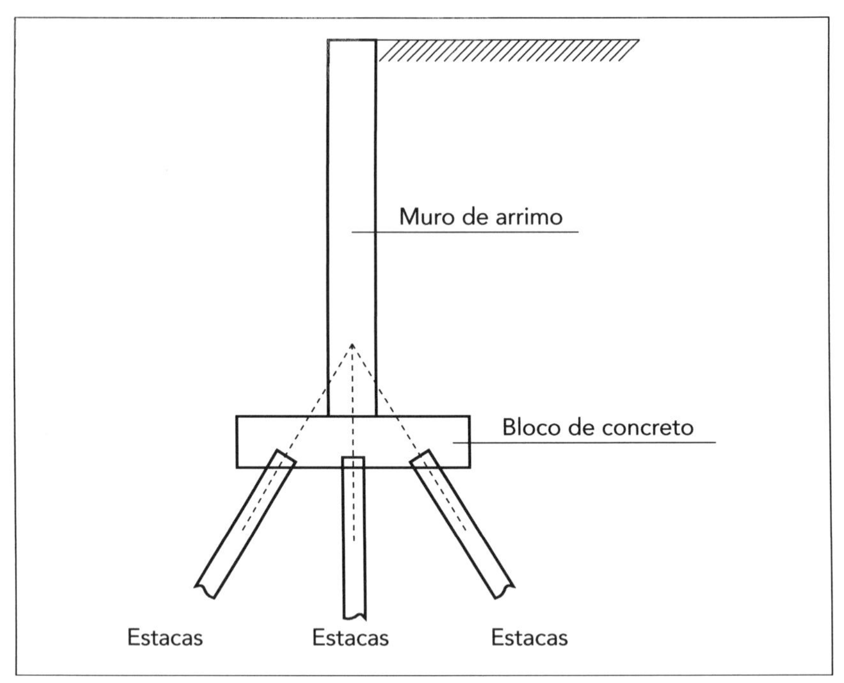

Figura 47

3 — ESTABILIDADE DOS MUROS

3.1 – DESLIZAMENTO (ESCORREGAMENTO)

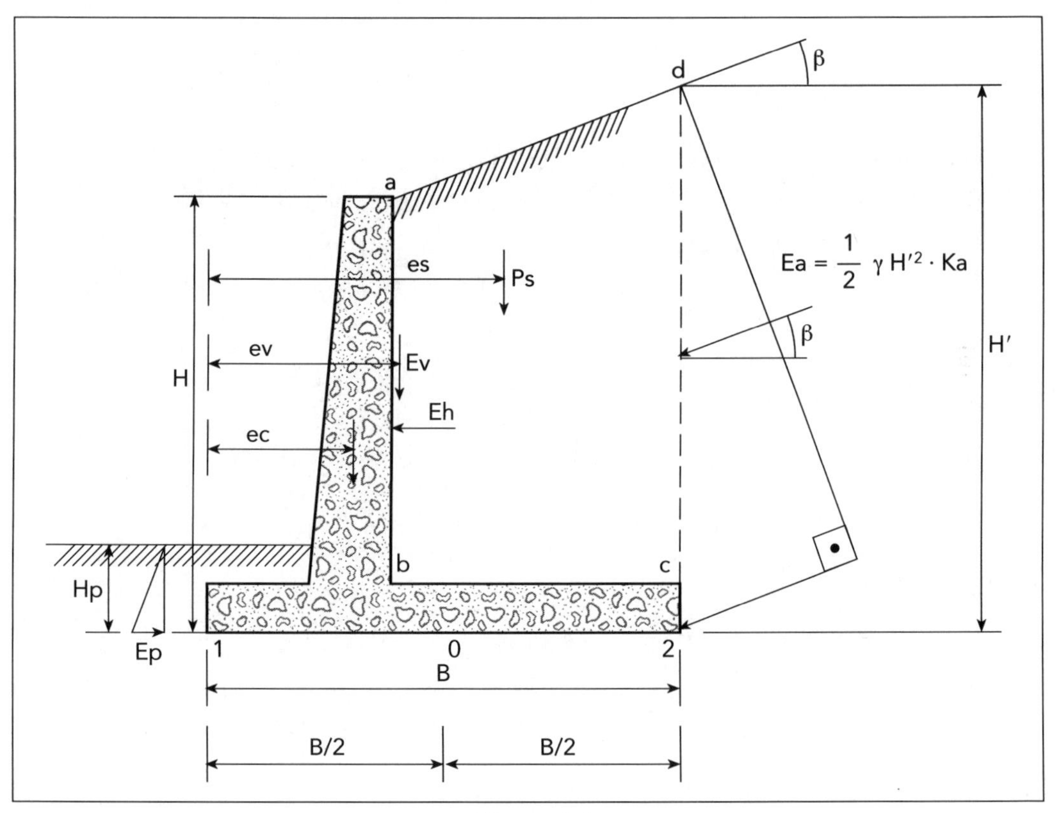

Figura 48

$$\boxed{\text{solo: } \phi, c, \gamma}$$

$$C' = 0{,}5c \text{ a } 0{,}67c$$

$$f = 0{,}67\text{tg a tg}\phi$$

$$Ep = \frac{1}{2} \cdot \gamma \cdot Hp^2 \cdot Kp \qquad \text{(empuxo passivo)}$$

$$Ea = \frac{1}{2} \cdot \gamma \cdot H^2 \cdot Ka \qquad \text{(empuxo ativo)}$$

$$Ev = Ea \cdot \text{sen}\,\beta$$
$$Eh = Ea \cdot \cos\beta$$

Pc = peso do muro de concreto
Ps = peso do solo em (abcd)

Forças atuantes: Eh

Forças resistentes:

$$Fr = (Ps + Pc + Ev) \cdot 0{,}67 \cdot \text{tg}\phi + c' \cdot B + Ep$$

$$\frac{\text{Forças resistentes}}{\text{Forças atuantes}} = \frac{Fr}{Eh} \geq \begin{cases} 1{,}5 \text{ solo não coesivo} \\ 2{,}0 \text{ solo coesivo} \end{cases}$$

Como pode acontecer que o solo na frente do muro seja retirado (erodido), recomenda-se adotar $Ep = 0$, então a equação das forças resistentes fica:

$$Fr = (Ps + Pc + Ev) \cdot 0{,}67 \cdot \text{tg}\phi + c'B$$

$$\text{ou} \quad Fr = (Ps + Pc + Ev) \cdot \text{tg}\phi + c'B$$

3.2 – TOMBAMENTO

Momentos atuantes:

$$Ma = M_1 = Eh \cdot (H'/3)$$

Momentos resistentes:

$$Mr_1 = Ps \cdot es + Pc \cdot ec + Ev \cdot ev$$

$$\frac{\text{Momentos resistentes}}{\text{Momentos atuantes}} = \frac{Mr_1}{Ma} \geq \begin{cases} 1{,}5 \text{ solo não coesivo} \\ 2{,}0 \text{ solo coesivo} \end{cases}$$

3.3 – TENSÕES NO SOLO NA BASE DO MURO DE ARRIMO

- Carga vertical = $Pc + Ps + Ev = V$
- Momentos em relação ao cenro de gravidade da sapata do muro (Ponto 0)

$$Mo = -Ps \cdot (es - 0{,}5b) + Pc \cdot (0{,}5b - ec) + Ev \cdot (0{,}5b - ev) + Eh \cdot \frac{H'}{3}$$

largura (1 m)

$$w = \frac{1 \cdot b^2}{6} = \frac{b^2}{6}$$

$$S = B \cdot 1 = B$$

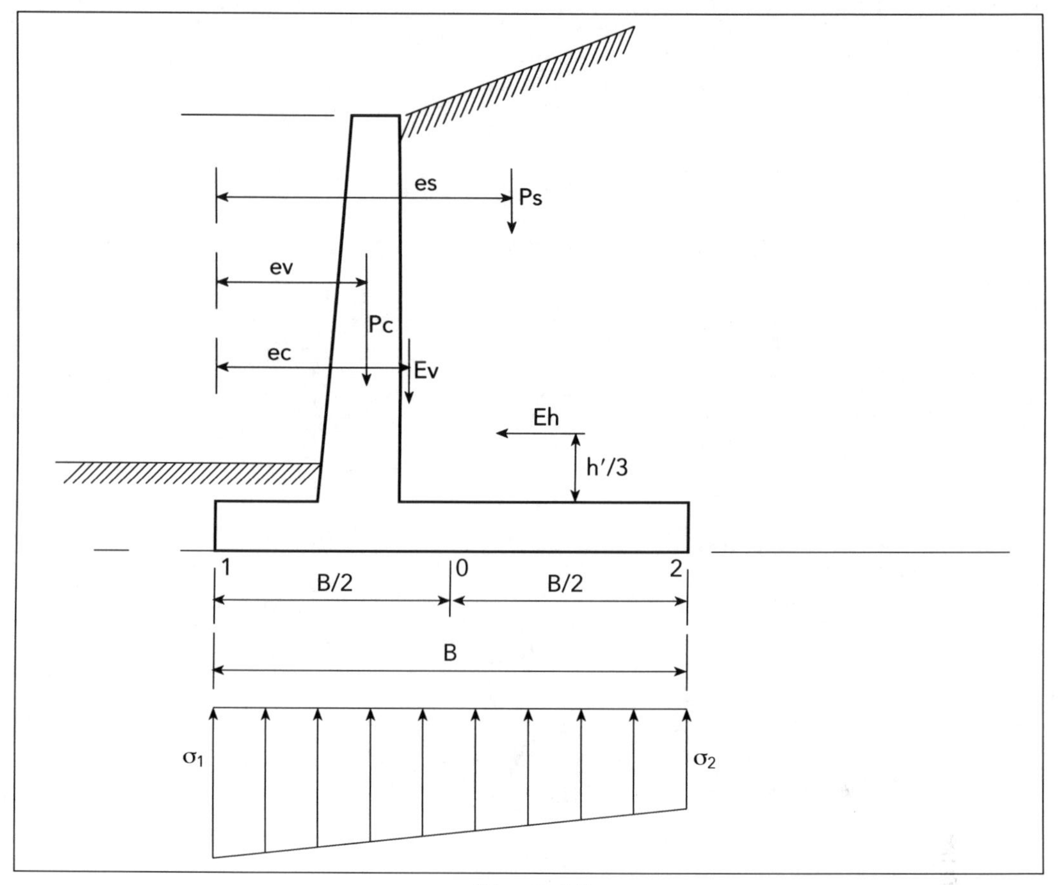

Figura 49

$$\sigma = \frac{V}{S} \pm \frac{Mo}{w}$$

$$\sigma_1 = \frac{V}{S} + \frac{Mo}{w} = \frac{Pc + Ps + Ev}{b \cdot 1} + \frac{Mo}{\frac{b^2}{6}}$$

$$\boxed{\sigma_1 = \frac{Pc + Ps + Ev}{b} + \frac{6Mo}{b^2}}$$

onde:

$$Mo = -Ps \cdot (es - 0{,}5 \cdot b) + Pc \cdot (0{,}5 \cdot b - ec) + Ev(0{,}5 \cdot b - ev) + Eh \cdot \frac{H'}{3}$$

$$\sigma_2 = \frac{V}{S} - \frac{Mo}{w} = \frac{V}{S} - \frac{6Mo}{b^2}$$

$$\boxed{\sigma_2 = \frac{Pc + Ps + Ev}{b} - \frac{6Mo}{b^2}}$$

No caso de $\sigma_2 < 0$ faremos o cálculo da tensão σ_1 (máxima) como material não--resistente à tração:

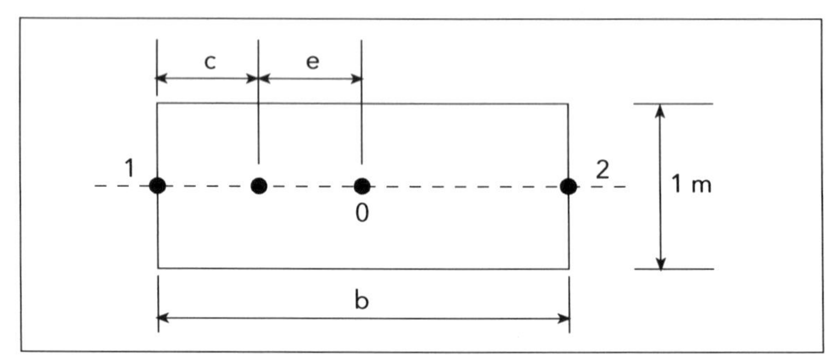

Figura 50

onde:

$$e = \frac{Mo}{V}$$

$$c = \frac{b}{2} - e$$

$$\sigma_1 = m_1 \cdot \frac{N}{C}$$

onde:

c/b	≤ 0,25	0,30	0,35	0,40	0,45	0,50
m_1	0,6665	0,6665	0,665	0,64	0,585	0,5

4 — PROJETO DE MUROS DE ARRIMO

4.1 – PROJETO DE MURO DE ARRIMO DE GRAVIDADE

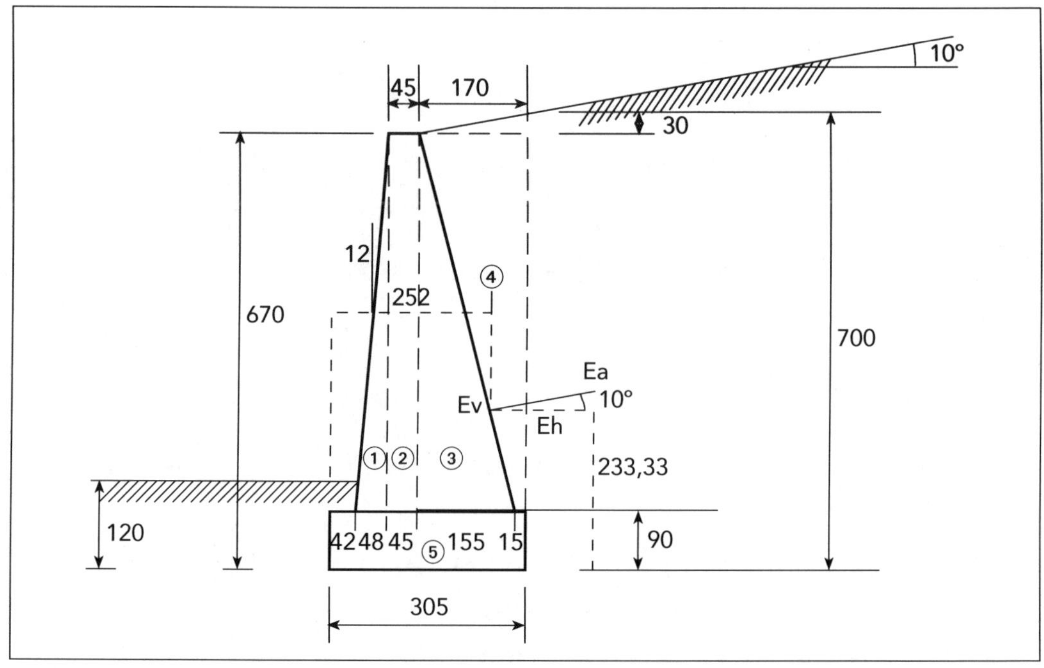

Figura 51

a) Pré-dimensionamento

Base:

$$(40\% \text{ a } 70\% H) = \begin{cases} 40\% = 0,4 \times 670 = 268 \text{ cm} \\ 70\% = 0,7 \times 670 = 469 \text{ cm} \\ \text{adotaremos} = 305 \text{ cm} \end{cases}$$

Topo:

$$(30 \text{ cm ou } 8\% H) = \begin{cases} 30 \text{ cm} \\ 8\% H = 0,08 \times 670 = 53,6 \text{ cm} \\ \text{adotaremos} = 45 \text{ cm} \end{cases}$$

Lado da base:

$$(12\% \text{ a } 15\% H) = \begin{cases} 12\% H = 0,12 \times 670 = 80,4 \text{ cm} \\ 14\% H = 0,15 \times 670 = 100,5 \text{ cm} \\ \text{adotaremos} = 90 \text{ cm} \end{cases}$$

Inclinação externa ao talude:

(1:10 a 1:15) → adotaremos (1:12)

b) Cálculo do empuxo (Rankine)

$$\beta = 10° \rightarrow \phi = 32° \rightarrow Ka = 0,321$$

$$Ea = \frac{1}{2} \cdot \gamma \cdot H'^2 \cdot Ka = \frac{1}{2} \times 18 \times 7^2 \times 0,321 = 141,56 \text{ kN/m}$$

$$H' = 670 + 30 = 700 \text{ cm}$$

$$Eh = Ea \cdot \cos\beta = 141,56 \cdot \cos 10° = 139,40 \text{ kN/m}^2$$

$$Ev = Ea \cdot \text{sen}\beta = 141,56 \cdot \text{sen} 10° = 24,58 \text{ kN/m}^2$$

c) Verificação ao escorregamento

Parte do muro e do solo	Peso (kN/m)	Braço parte do muro (*e*)	Momento (kNm/m)
①	0,48 × 5,8 × 0,5 × 22 = 30,62	$\frac{2}{3} \times 0,48 + 0,42 = 0,74$ m	39,62 × 0,74 = 44,86
②	0,45 × 5,8 × 22 = 57,42	$0,42 + 0,48 + \frac{0,45}{2} = 1,125$ m	57,42 × 1,125 = 64,60
③	1,55 × 5,8 × 0,5 × 22 = 98,99	$0,42 + 0,48 + 0,45 + \frac{1,55}{3} = 1,86$ m	98,89 × 1,86 = 184,10
④	$\left(\frac{0,15 + 1,7}{2} \times 5,8 + \frac{1,7 \times 3}{2}\right) \times 18 = 101,16$	~ 2,38 m	101,16 × 2,38 = 240,76
⑤	0,9 × 3,05 × 22 = 60,40	1,525 m	60,4 × 1,525 = 92,11
Empuxo (*Ev*)	24,58	0,42 + 0,48 + 0,45 + 0,17 = 2,52 m	24,58 × 2,52 = 61,94
Total	373,17		M_1R = 688,37 kNm/m

para 0,9 tgϕ =

0,90 × tg 36° = 0,65 — solo da base

FR = 373,17 × 0,65 = 242,56 kN/m (força resistente)

Fator de segurança contra escorregamento:

$$\frac{FR}{Eh} = \frac{242,56}{139,40} = 1,74$$

para 0,67 tgϕ = 0,67 · tg 36° = 0,49 — solo de base

$$\frac{FR}{Eh} = \frac{373,17 \times 0,49}{139,40} = \frac{182,85}{139,40} = 1,31$$

d) Verificação ao tombamento

Momento atuante:

$$M_{1a} = Eh \cdot \frac{H'}{3} = 139,40 \times \frac{7}{3} = 325,26 \text{ kN/m}$$

Momento resistente:

$$\frac{M_{1R}}{M_{1a}} = \frac{688,37}{325,26} = 2,12 > 1,5 \qquad \text{(O.K.)}$$

e) Cálculo das tensões na base

$$Mo = -Ps \cdot (es - 0,5b) + Pc(0,5b - ec) + Ev(0,5b - ev) + Eh \cdot \frac{H'^3}{3}$$

$$0,5b = 0,5 \times 3,05 = 1,525 \rightarrow 0,5b = 1,525 \text{ m}$$

$$Mo = -101,16 \times (2,38 - 1,525) + 30,62(1,525\text{-}0,74) + 57,42 \times (1,525 - 1,125) +$$
$$+98,99 \times (1,525 - 1,86) + 60,40(1,525 - 1,525) + 24,58 \times (1,525 - 2,52)$$
$$+139,40 \times \left(\frac{7}{3}\right) = -86,49 + 24,03 + 22,96 + (-33,12) + 0 + (-24,45) + 325,26$$

$$Mo = 228,19 \text{ kNm/m}$$

$$S = 1 \times b = b = 3,05 \text{ m}^2$$

$$w = 1 \times \frac{b^2}{6} = \frac{3,05^2}{6} = 1,55 \text{ m}^3$$

$$\sigma_1 = \frac{373,17}{3,05} + \frac{228,19}{1,55} = 122,35 + 147,21 = 269,57 \text{ kN/m}^2$$

$$\sigma_2 = 122,35 - 147,21 = -24,86 \text{ kN/m}^2$$

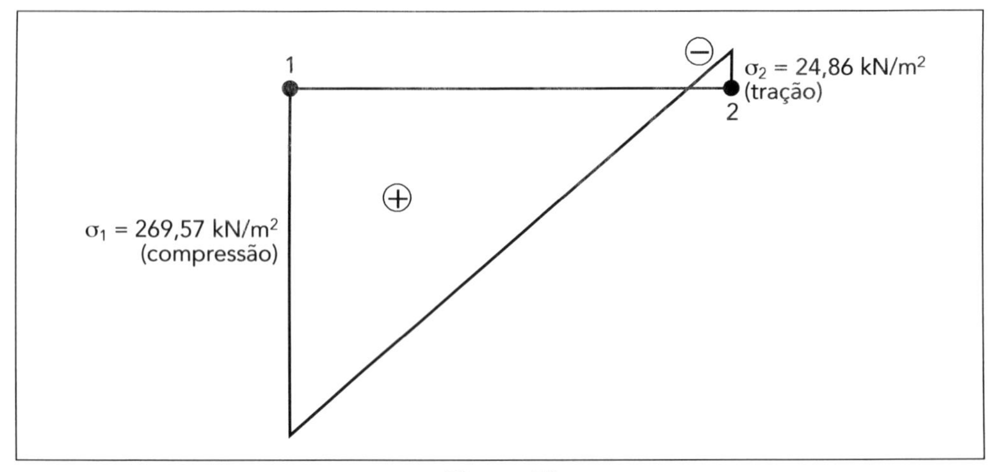

Figura 52

Vamos calcular a tensão máxima como material não resistente à tração:

$$Mo = 228,19 \text{ kNm/m}$$

$$V = 373,17 \text{ kN/m}$$

$$\ell = \frac{Mo}{V} = 0,611 \text{ m}$$

$$\text{C} = \frac{\text{b}}{2} - \ell = \frac{3,05}{2} - 0,611 = 0,914 \text{ m}$$

como

$$\frac{c}{b} = \frac{0,914}{3,05} = 0,3 \rightarrow \text{ da tabela temos } m_1 = 0,6665$$

$$\sigma_1 = m_1 \cdot \frac{V}{c} = 0,6665 \times \frac{373,17}{0,914} = 272,12 \text{ kN/m}^2$$

f) Verificações dos esforços no concreto ciclópico nas seções do muro

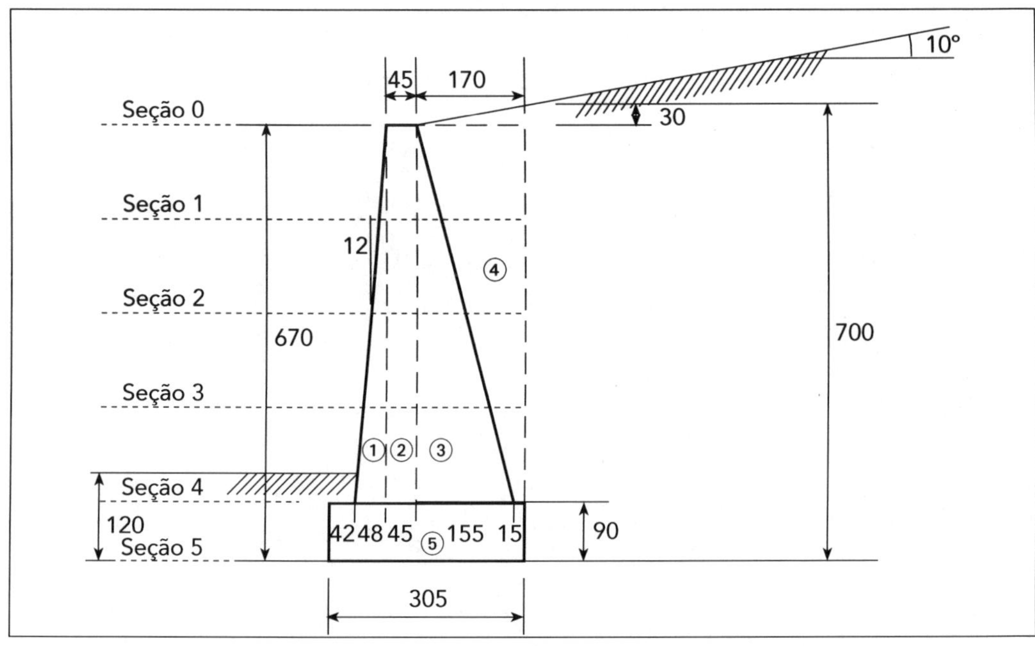

Figura 53

Seção 1

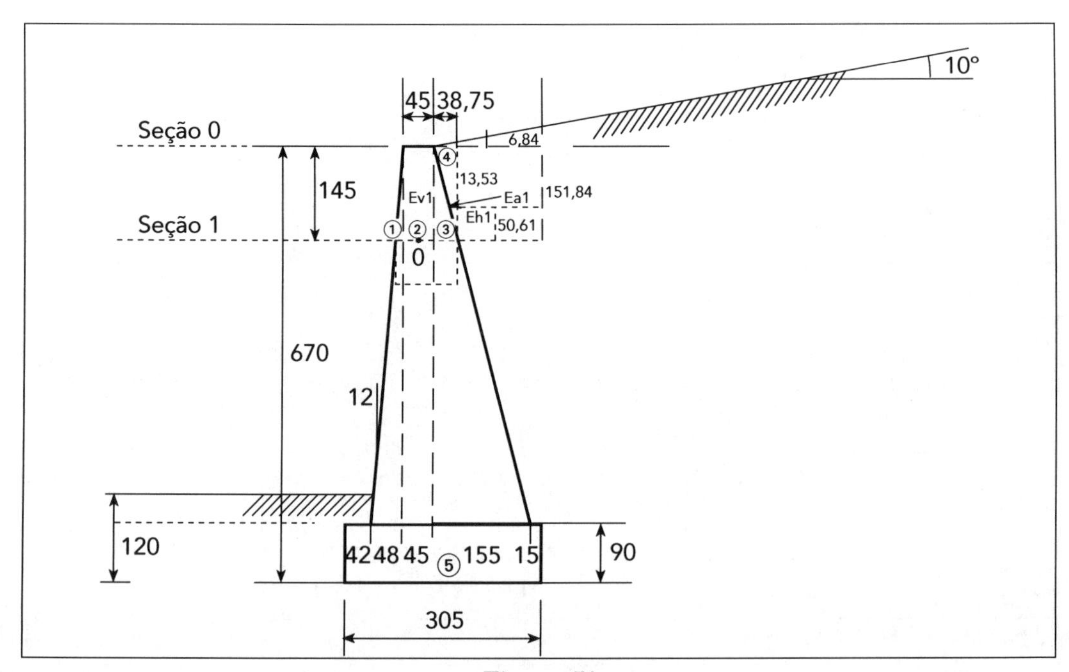

Figura 54

a) Cálculo do empuxo da seção 1:

$\beta = 10°$ $\quad \phi = 32°$ $\quad Ka = 0{,}321$ (Rankine)

$$Ea_1 = \frac{1}{2} \cdot \gamma \cdot H_1^2 \cdot Ka = \frac{1}{2} \times 18 \times 1{,}5184^2 \times 0{,}321 = 6{,}66 \text{ kN/m}$$

$H_1 = 1{,}5184$ m

$Eh_1 = Ea_1 \cdot \cos\beta = 6{,}66 \cdot \cos 10° = 6{,}55$ kN/m

$Ev_1 = Ea_1 \cdot \text{sen}\beta = 6{,}66 \cdot \text{sen} 10° = 1{,}15$ kN/m

b) Cálculo das tensões na seção 1:

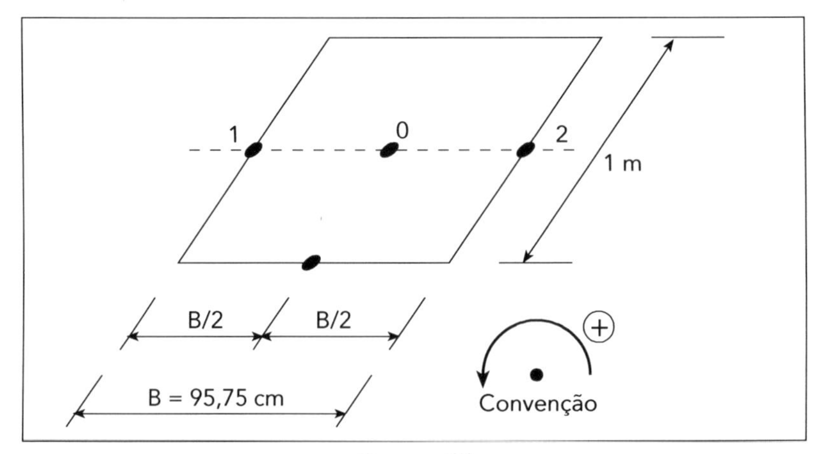

Figura 55

$B = 12 + 45 + 38{,}75 = 95{,}75$ cm
$B/2 = 47{,}875$ cm

Parte do muro e do solo	Peso (kN/m)	Braço (m) Ponto (O)	Momento (kNm/m)
①	0,12 × 1,45 × 0,5 × 22 = 1,92	0,4875 – 0,666 × 0,12 = 0,40	1,92 × 0,4 = 0,77
②	0,45 × 1,45 × 22 = 14,36	0,4875 – 0,12 – 0,225 = 0,13	14,36 × 0,13 = 1,87
③	0,3875 × 1,45 × 0,5 × 22 = 6,18	0,666 × 0,3875 – 0,47875 = – 0,22	6,18 × (– 0,22) = – 1,36
④	1,5484 × 0,3875 × 0,5 × 18 = 5,30	0,333 × 0,3875 – 0,4875 = – 0,35	5,3 × (– 0,35) = – 1,86
Empuxo (Ev_1)	1,15	0,1353 – 0,47875 = – 0,34	1,15 × (– 0,34) = – 0,39
Total	28,91		*MR* = – 0,97 kNm/m

$$Mo = Eh_1 \cdot \frac{H_1}{3} - (MR) = 6{,}55 \times \frac{1{,}5184}{3} - 0{,}97 = 2{,}35 \text{ kNm/m}$$

c) Tensão na seção 1:

$$\sigma = \frac{P}{S} \pm \frac{M}{w} \qquad S = B \times 1 = B = 0{,}9575 \text{ m}$$

$$w = 1 \times \frac{B^2}{6} = \frac{0{,}9575^2}{6} = 0{,}15$$

$$\sigma = \frac{28{,}91}{0{,}9575} \pm \frac{2{,}35}{0{,}15} = 30{,}19 \pm 15{,}67$$

$$\sigma_1 = 30{,}19 + 15{,}67 = \underset{\text{compressão}}{45{,}86 \text{ kN/m}^2} = 0{,}0458 \text{ MPa}$$

$$\sigma_2 = 30{,}19 - 15{,}67 = \underset{\text{tração}}{14{,}57 \text{ kN/m}^2} = 0{,}0145 \text{ MPa}$$

$$\sigma_1 = 45{,}86 \text{ kN/m}^2$$

$$\sigma_{1d} = 1{,}4 \times 45{,}86 = 64{,}20 \text{kN/m}^2$$

$$\sigma_{1d} = 0{,}064 \text{ MPa} \langle \sigma_{cRd} = 7{,}59 \text{ MPa} \qquad \text{(O.K.)}$$

$$\sigma_2 = 14{,}57 \text{ kN/m}^2$$

$$\sigma_{2d} = 1{,}4 \times 14{,}57 = 20{,}40 \text{ kN/m}^2$$

$$\sigma_{2d} = 0{,}0204 \text{ MPa} \langle \sigma_{cRd} = 7{,}59 \text{ MPa} \qquad \text{(O.K.)}$$

d) Tensões de cisalhamento

$$\tau wd = \frac{1{,}5 \times Vsd}{bh} = \frac{1{,}5 \times (1{,}4 \times 6{,}55)}{1 \cdot 0{,}9575} = 14{,}37 \text{ kN/m}^2 = 0{,}0143 \text{ MPa}$$

$$\tau wd = 0{,}0143 \text{ MPa} \langle \tau rd = 0{,}225 \text{ MPa} \qquad \text{(O.K.)}$$

Seção 2

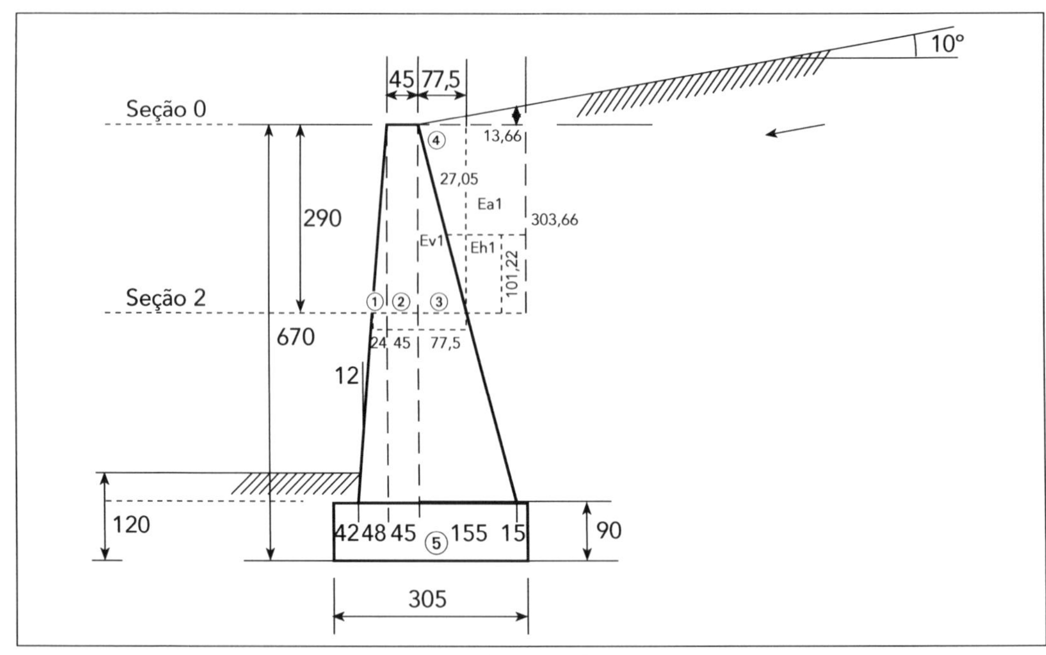

Figura 56

a) Cálculo do empuxo na seção 2

$Ka = 0{,}321$ $\beta = 10°$ $\phi = 32°$

$$Ea_2 = \frac{1}{2} \cdot \gamma \cdot H_2^2 \cdot Ka = \frac{1}{2} \times 18 \times 3{,}0366^2 \times 0{,}321 = 26{,}64 \text{ kN/m}$$

$H_2 = 3{,}0366$ m

$Eh_2 = Ea_2 \cdot \cos\beta = 26{,}64 \times \cos 10° = 26{,}24$ kN/m

$Ev_2 = Ea_2 \cdot \text{sen}\,\beta = 26{,}64 \times \text{sen} 10° = 4{,}63$ kN/m

b) Cálculo das tensões na seção 2

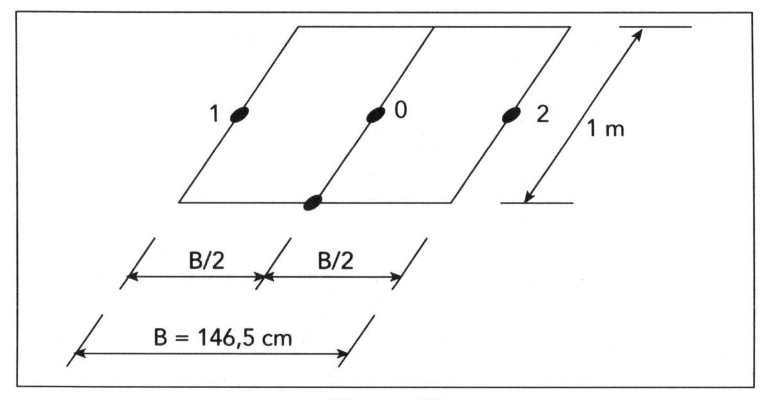

Figura 57

$B = 24 + 45 + 77{,}5 = 146{,}5$ cm
$B/2 = 73{,}25$ cm

Parte do muro e do solo	Peso (kN/m)	Braço (m) Ponto (O)	Momento (kNm/m)
①	0,24 × 2,90 × 0,5 × 22 = 7,66	0,7325 – 0,666 × 0,24 = 0,57	7,66 × 0,57 = 4,36
②	0,45 × 2,0 × 22 = 28,71	0,7325 – 0,24 – 0,225 = 0,27	28,71 × 0,27 = 7,75
③	0,775 × 2,90 × 0,5 × 22 = 24,72	0,666 × 0,775 – 0,7325 = – 0,22	24,72 × (– 0,22) = – 5,43
④	3,0366 × 0,775 × 0,5 × 18 = 21,18	0,333 × 0,775 – 0,7325 = – 0,47	21,18 × (– 0,47) = – 9,95
Empuxo (Ev_1)	4,63	0,2705 – 0,7325 = 0,46	4,63 × (– 0,446) = – 2,13
Total	86,90		*MR* = – 5,4

$$Mo = Eh_2 \cdot \frac{H_2}{3} - (MR) = 26{,}64 \times \frac{3{,}0366}{3} - 5{,}4 = 21{,}67 \text{ kNm/m}$$

c) Tensões na seção 2

$$\sigma = \frac{P}{S} \pm \frac{M}{w} \qquad S = B \times 1 = B = 1{,}465 \text{ m}^2$$

$$w = 1 \times \frac{B^2}{6} = \frac{1{,}465^2}{6} = 0{,}3577 \text{ m}^3$$

$$\sigma = \frac{86{,}90}{1{,}465} \pm \frac{21{,}57}{0{,}3577} = 59{,}32 \pm 60{,}30$$

$$\sigma_1 = 59{,}32 + 60{,}30 = 119{,}62 \text{ kN/m}^2 = 0{,}119 \text{ MPa}$$
compressão

$$\sigma_2 = 59{,}32 - 60{,}30 = 0{,}98 \text{ kN/m}^2 = 0{,}098 \text{ MPa}$$
tração

$$\sigma_1 = 0,199 \text{ kN/m}^2$$

$$\sigma_{1d} = 1,4 \times 0,199 = 0,278 \text{ kN/m}^2 \langle \sigma_{cRd} = 7,59 \text{ MPa} \quad \text{(O.K.)}$$

$$\sigma_2 = 0,098 \text{ kN/m}^2$$

$$\sigma_{2d} = 1,4 \times (-\ 0,0981) = -\ 0,137 \text{ MPa} \langle \sigma_{ctRd} = 0,64 \text{ MPa} \quad \text{(O.K.)}$$

d) Tensão de cisalhamento

$$\tau wd = \frac{1,5 \times Vsd}{bh} = \frac{1,5 \times (1,4 \times 26,64)}{1 \times 1,465} = 39,19 \text{ kN/m}^2 = 0,038 \text{ MPa}$$

$$\tau wd = 0,038 \text{ MPa} \langle \tau rd = 0,225 \text{ MPa} \quad \text{(O.K.)}$$

Seção 3

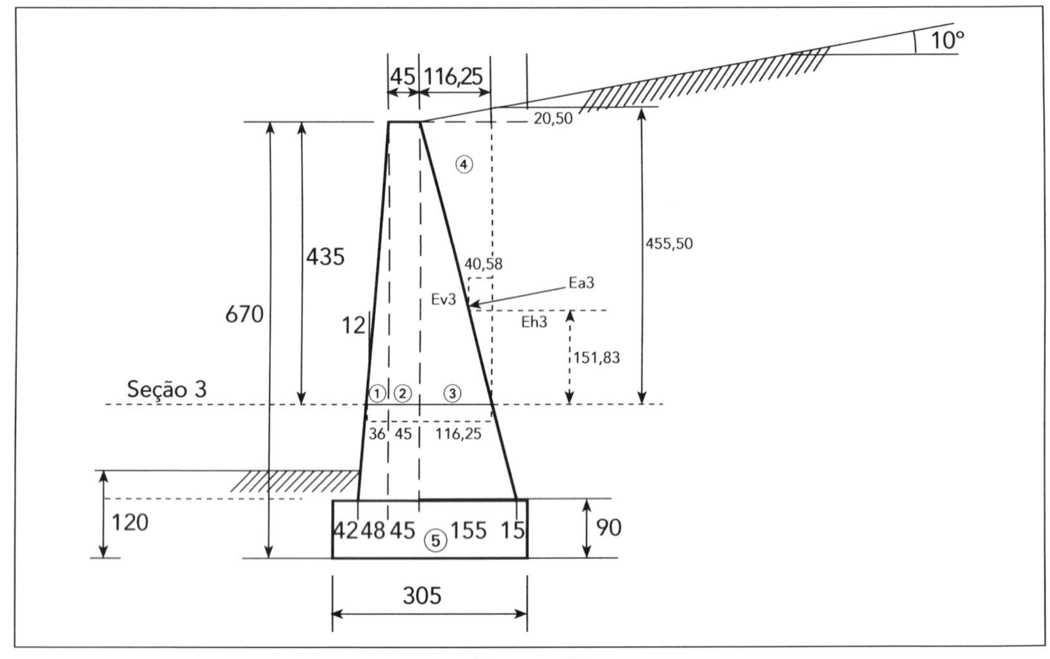

Figura 58

a) Cálculo do empuxo na seção 3

$$Ka = 0,321 \qquad \beta = 10° \qquad \phi = 32°$$

$$Ea_2 = \frac{1}{2} \cdot \gamma \cdot H_3^2 \cdot Ka = \frac{1}{2} \times 18 \times 4,555^2 \times 0,321 = 59,94 \text{ kN/m}$$

$$H_2 = 4,555 \text{ m}$$

$$Eh_3 = Ea_3 \cdot \cos\beta = 59,44 \times \cos 10° = 59,03 \times \cos 10° = 58,13 \text{ kN/m}$$

$$Ev_3 = Ea_3 \cdot \text{sen}\,\beta = 59,44 \times \text{sen} 10° = 59,03 \times \text{sen} 10° = 10,25 \text{ kN/m}$$

b) Cálculo das tensões na seção 3

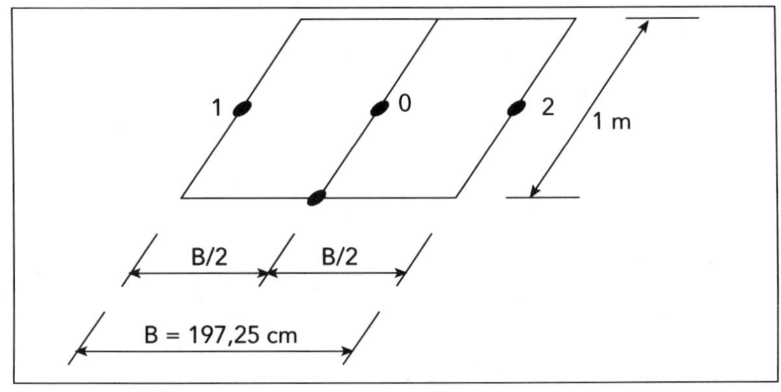

Figura 59

$B = 38 + 45 + 116{,}25 = 197{,}25$ cm
$B/2 = 98{,}625$ cm

Parte do muro e do solo	Peso (kN/m)	Braço (m) Ponto (O)	Momento (kN/m)
①	0,36 × 4,35 × 0,5 × 22 = 17,22	0,98625 – 0,666 × 0,36 = 0,75	17,22 × 0,75 = 12,92
②	0,45 × 4,35 × 22 = 43,06	0,98625 – 0,36 – 0,225 = 0,40	43,06 × 0,40 = 17,22
③	1,1625 × 4,35 × 0,5 × 22 = 55,63	0,666 × 1,1625 – 0,98625 = – 0,21	55,63 × (– 0,21) = –1 1,68
④	4,555 × 1,1625 × 0,5 × 18 = 47,65	0,333 × 1,1625 – 0,98625 = – 0,60	47,65 × (– 0,60) = – 28,59
Empuxo (Ev_1)	10,25	0,4058 – 0,98625 = – 0,58	10,25 × (– 0,58) = – 5,95
Total	173,81		*MR* = – 16,08

$$Mo = Eh_3 \cdot \frac{H_3}{3} - (MR) = 58{,}13 \times \frac{4{,}555}{3} - 16{,}08 = 72{,}18 \text{ kNm/m}$$

c) Tensões na seção 3

$$\sigma = \frac{P}{S} \pm \frac{M}{w} \qquad S = B \times 1 = B = 1{,}9725 \text{ m}^2$$

$$w = 1 \times \frac{B^2}{6} = \frac{1{,}9725^2}{6} = 0{,}648 \text{ m}^3$$

$$\sigma = \frac{173{,}81}{1{,}9725} \pm \frac{72{,}18}{0{,}648} = 88{,}11 \pm 111{,}39$$

$$\sigma_1 = 88{,}11 + 111{,}39 = \underset{\text{compressão}}{199{,}5\ \text{kN/m}^2} = 0{,}199\ \text{MPa}$$

$$\sigma_2 = 88{,}11 - 111{,}39 = \underset{\text{tração}}{-23{,}28\ \text{kN/m}^2} = -0{,}0232\ \text{MPa}$$

$$\sigma_1 = 0{,}199\ \text{MPa}$$

$$\sigma_{1d} = 1{,}4 \times 0{,}199 = 0{,}278\ \text{kN/m}^2 \langle \sigma_{cRd} = 7{,}59\ \text{MPa} \quad \text{(O.K.)}$$

$$\sigma_2 = 0{,}0232\ \text{MPa}$$

$$\sigma_{2d} = 1{,}4 \times (-0{,}0232) = -0{,}325\ \text{MPa}\ \langle \sigma_{ctRd} = 0{,}64\ \text{MPa} \quad \text{(O.K.)}$$

d) Tensões de cisalhamento

$$\tau wd = \frac{1{,}5 \times Vsd}{bh} = \frac{1{,}5 \times (1{,}4 \times 58{,}13)}{1 \times 1{,}9725} = 61{,}88\ \text{kN/m}^2$$

$$\tau wd = 61{,}88\ \text{kN/m}^2 = 0{,}06188\ \text{MPa}\ \langle \tau rd = 0{,}225\ \text{MPa}$$

Seção 4

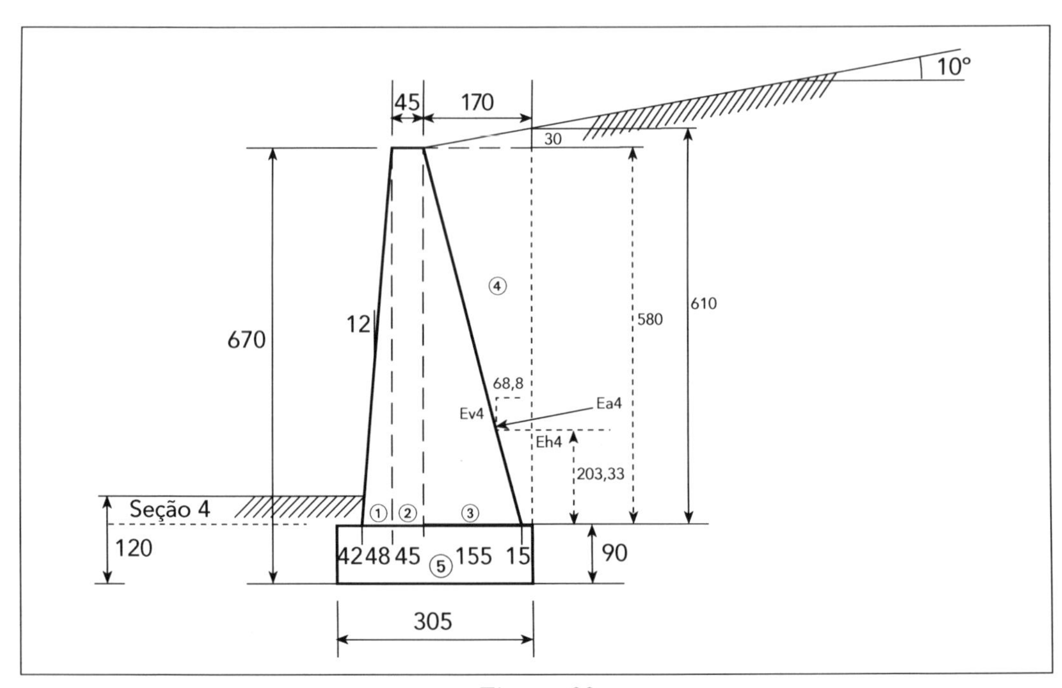

Figura 60

a) Cálculo do empuxo da seção 4

$$Ea_4 = \frac{1}{2} \cdot \gamma \cdot H_4^2 \cdot Ka = \frac{1}{2} \times 18 \times 6{,}1^2 \times 0{,}321 = 107{,}50 \text{ kN/m}^2$$

$$H_4 = 4{,}555 \text{ m}$$

$$Eh_4 = Ea_4 \cdot \cos\beta = 107{,}50 \times \cos 10° = 105{,}87 \text{ kN/m}$$

$$Ev_4 = Ea_4 \cdot \text{sen}\,\beta = 107{,}50 \times \text{sen}10° = 18{,}66 \text{ kN/m}$$

b) Cálculo das tensões na seção 4

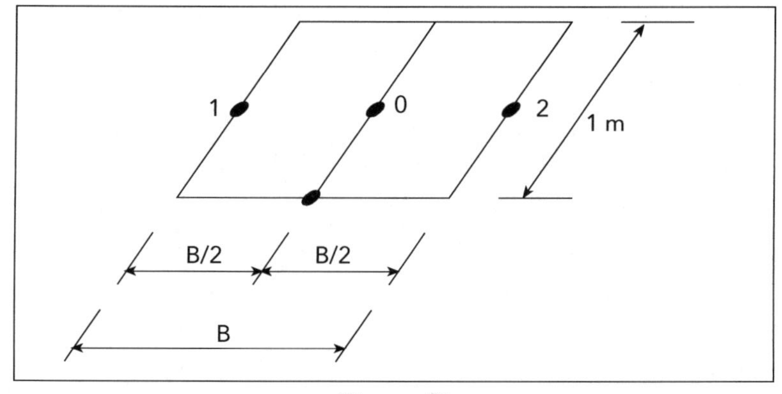

Figura 61

$B = 48 + 45 + 155 = 248$ cm
$B/2 = 124$ cm

Parte do muro e do solo	Peso (kN/m)	Braço (m) Ponto (O)	Momento (kN/m)
①	0,48 × 5,8 × 0,5 × 22 = 30,62	1,24 – 0,666 × 0,48 = 0,92	30,62 × 0,92 = 28,17
②	0,45 × 5,80 × 22 = 57,42	1,24 – 0,48 – 0,225 = 0,535	57,42 × 0,535 = 30,72
③	1,55 × 5,8 × 0,5 × 22 = 98,89	0,666 × 1,55 – 1,24 = – 0,21	98,89 × (– 0,21) = – 20,77
④	6,1 × 1,70 × 0,5 × 18 = 93,33	0,333 × 1,55 – 1,24 = – 0,72	93,33 × (– 0,72) = – 67,20
Empuxo (Ev_1)	18,66	0,688 – 1,24 = – 0,552	18,66 × (– 0,522) = – 10,30
Total	298,92		*MR* = – 39,38

$$Mo = Eh_3 \cdot \frac{H_4}{3} - (MR) = 105{,}87 \times \frac{6{,}1}{3} - 39{,}38 = 175{,}89 \text{ kNm/m}$$

c) Tensões na seção 4

$$\sigma = \frac{P}{S} \pm \frac{M}{w} \qquad S = B \times 1 = B = 2,48 \text{ m}^2 \qquad w = 1 \times \frac{B^2}{6} = \frac{2,48^2}{6} = 1,025 \text{ m}^3$$

$$\sigma = \frac{287,92}{2,48} \pm \frac{175,89}{1,025} = 120,53 \pm 171,60$$

$$\sigma_1 = 120,53 + 171,60 = \underset{\text{compressão}}{292,13 \text{ kN/m}^2} = 0,292 \text{ MPa}$$

$$\sigma_2 = 120,53 - 171,60 = \underset{\text{tração}}{-\ 51,07 \text{ kN/m}^2} = -\ 0,051 \text{ MPa}$$

$$\sigma_1 = 0,292 \text{ MPa}$$

$$\sigma_{1d} = 1,4 \times 0,292 = 0,409 \text{ MPa} \langle \sigma_{cRd} = 7,59 \text{ MPa}$$

$$\sigma_2 = -0,051 \text{ MPa}$$

$$\sigma_{2d} = 1,4 \times (-\ 0,051) = -\ 0,0714 \text{ MPa} \langle \sigma_{ctRd} = 0,64 \text{ MPa}$$

d) Tensões de cisalhamento

$$\tau wd = \frac{1,5 \times Vsd}{bh} = \frac{1,5 \times 1,4 \times 105,87}{1 \times 2,48} = 89,64 \text{ kN/m}^2 = 0,08964 \text{ MPa}$$

$$\tau wd = 0,08964 \text{ MPa} \langle \tau rd = 0,225 \text{ MPa}$$

g) Armação mínima de retração

Da tabela de armadura mínima de retração, adotaremos → ϕ 12,5 c/15.
Abertura de fissura $wr \leq 0{,}3$ mm.

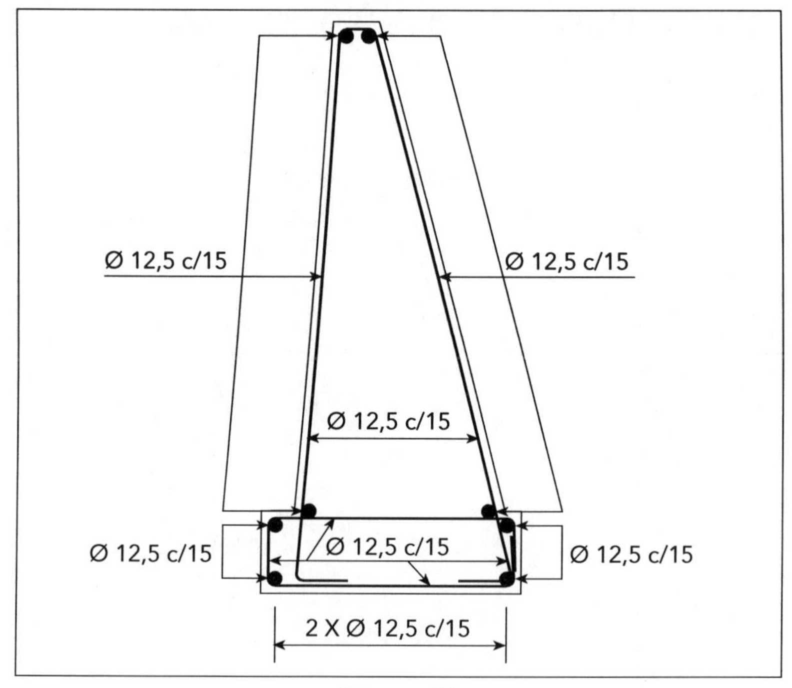
Ø 12,5 c/15
Ø 12,5 c/15
Ø 12,5 c/15
Ø 12,5 c/15
Ø 12,5 c/15
Ø 12,5 c/15
2 X Ø 12,5 c/15

Figura 62

4.2 – PROJETO DE MURO DE ARRIMO DE FLEXÃO

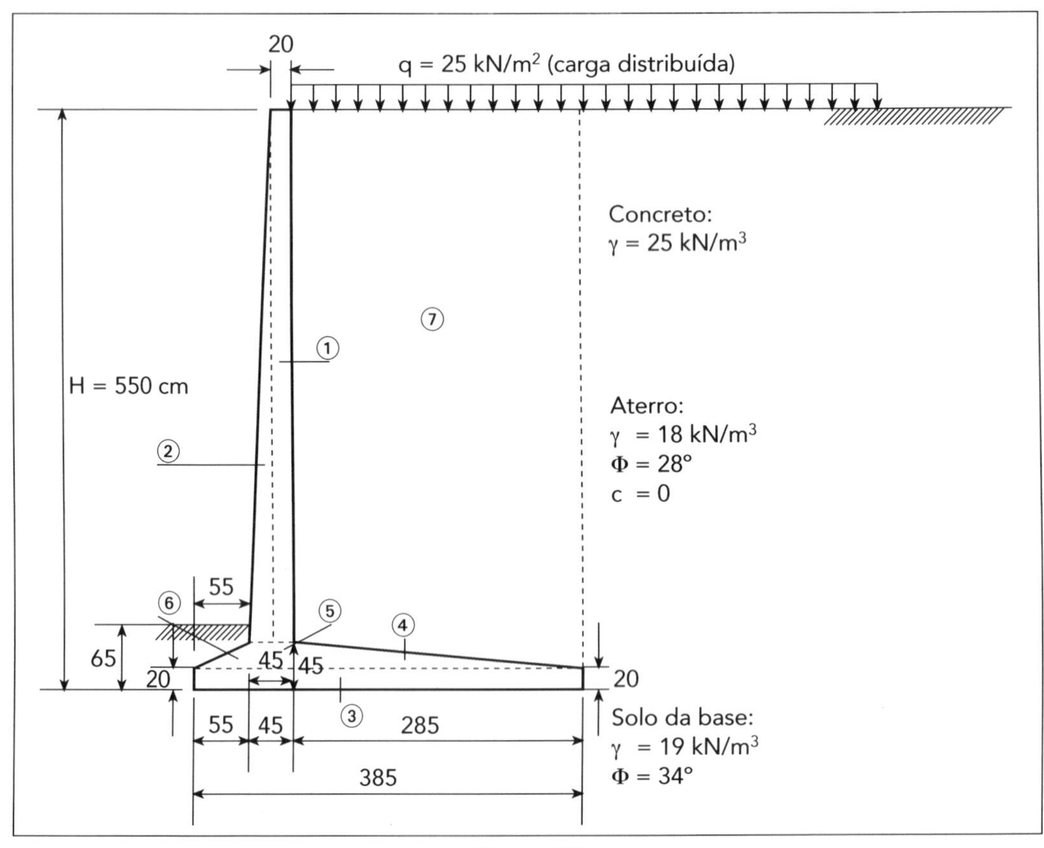

Figura 63

a) Pré-dimensionamento

base

$$(40\% \text{ a } 70\%)\begin{cases} 40\%H = 0,4 \times 550 = 220 \text{ cm} \\ 70\%H = 0,7 \times 550 = 385 \text{ cm} \end{cases}$$

adotaremos 385 cm

topo: 20 cm

seção mais solicitada:

$$\begin{cases} 8\%H = 0,08 \times 550 = 44 \text{ cm} \\ 10\%H = 0,1 \times 550 = 55 \text{ cm} \end{cases}$$

adotaremos 45 cm

b) Cálculo do empuxo: Rankine (Tabela 1.2.A) *terra*:

$p = 0°$ $\phi = 28°$ $Ka = 0{,}361$ $\gamma = 18 \text{ kN/m}^3$

$$Ea = \frac{1}{2} \cdot \gamma \cdot H^2 \cdot Ka = \frac{1}{2} \times 18 \times 5{,}5^2 \times 0{,}361 = 98{,}28 \text{ kN/m}$$

$H = 5{,}5 \text{ m}$ $\beta = 0$

Carga distribuída

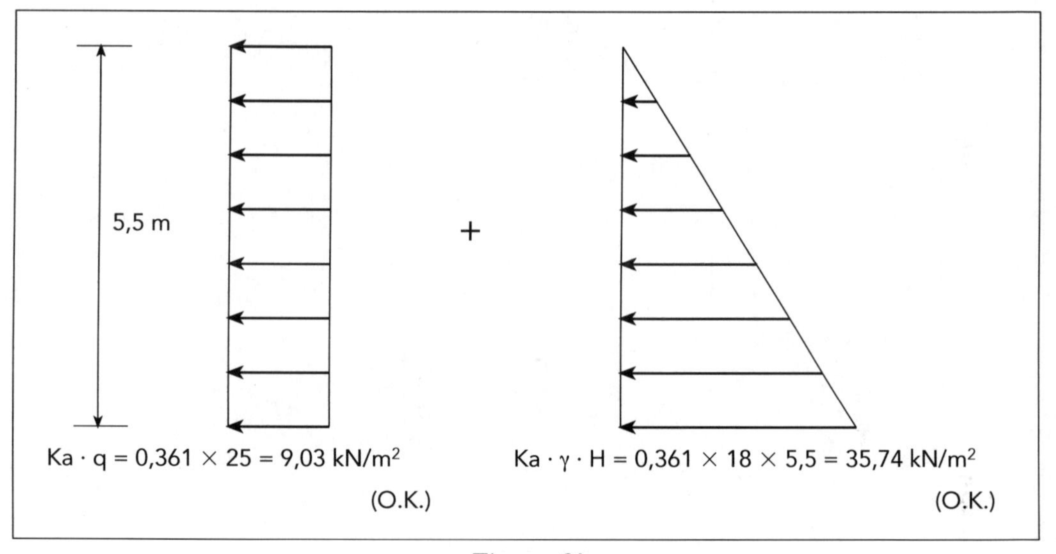

Figura 64

$$Ea = (Ka \cdot \gamma \cdot H) \cdot \frac{H}{2} = 35{,}74 \times \frac{5{,}5}{2} = 98{,}28 \text{ kN/m}$$

c) Verificação de escorregamento

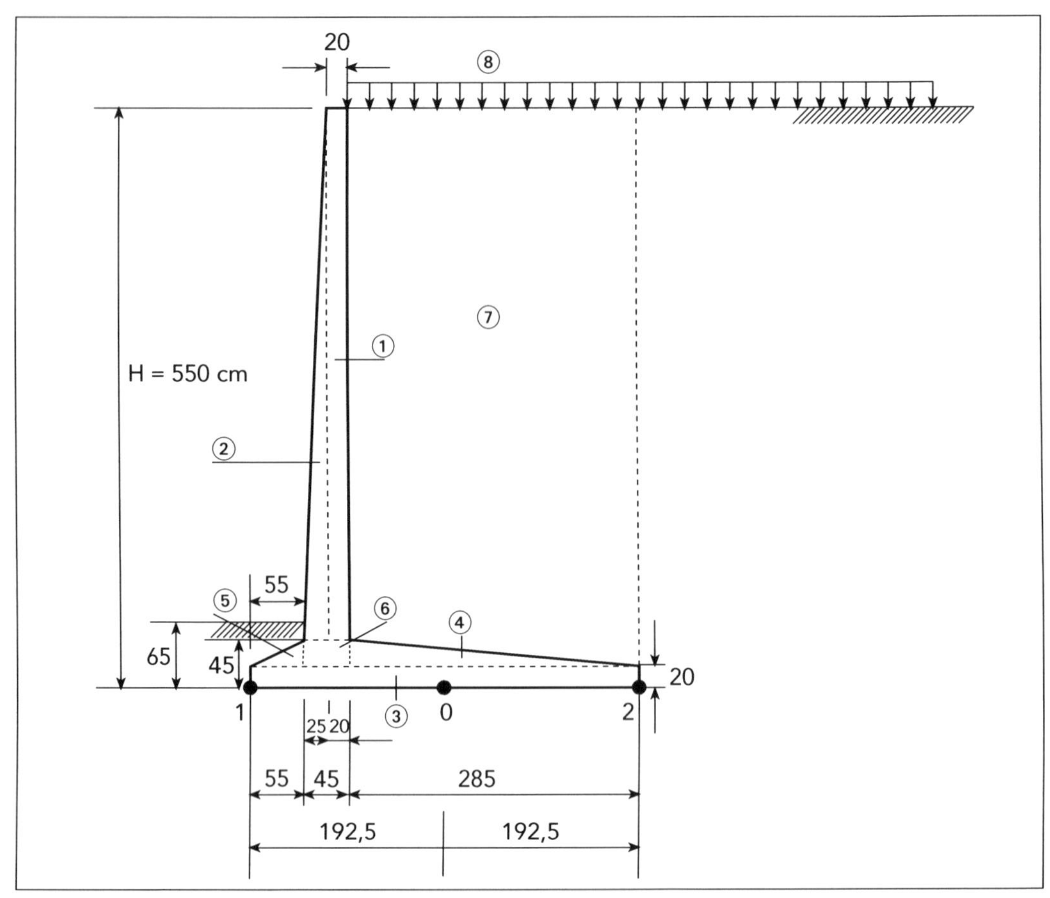

Figura 65

Parte do muro e do solo	Peso (kN/m)	Braço (m) Ponto (O)	Momento (kN/m)
①	0,2 × 5,05 × 25 = 25,25	0,55 + 0,25 + 0,10 = 0,90	25,25 × 0,9 = 22,73
②	0,25 × 5,05 × 0,5 × 25 = 15,78	0,55 + 0,666 × 0,25 = 0,716	15,78 × 0,716 = 11,30
③	0,20 × 3,85 × 25 = 19,25	0,5 × 3,85 = 1,925	19,25 × 1,925 = 30,37
④	0,25 × 2,85 × 0,5 × 25 = 8,90	0,55 + 0,45 + 0,333 × 2,85 = 1,949	8,9 × 1,949 = 17,34
⑤	0,45 × 0,25 × 25 = 2,81	0,55 + 0,225 = 0,775	2,81 × 0,775 = 2,17
⑥	0,55 × 0,25 × 0,5 × 25 = 1,72	0,666 × 0,55 = 0,366	1,72 × 0,366 = 0,63
⑦ (solo)	(5,05+5,3) × 0,5 × 2,85 × 18 = 265,47	0,55 + 0,45 + 0,5 × 2,85 = 2,425	265,47 × 2,425 = 643,76
⑧ (carga distribuída)	2,85 × 25 = 71,25	0,55 + 0,45 + 0,5 × 2,85 = 2,425	71,25 × 2,425 = 172,78
Total	410,43		MR = 901,08

Empuxo total (atuante):

$$\underbrace{49,66}_{Eq}+\underbrace{98,28}_{Ea}=\underbrace{147,94}_{Fa}\text{ kN/m}=Fa$$

Solo da base: $\phi = 34°$

para $0,9 \cdot \text{tg}\phi = 0,9 \cdot \text{tg } 34° = 0,607$

$$Fr = 410,43 \times 0,607 = 249,13 \text{ kN/m}$$

$$\frac{Fr}{Fa}=\frac{249,13}{147,94}=1,68>1,5 \qquad \text{(O.K.)}$$

para $0,67 \cdot \text{tg}\phi = 0,67 \cdot \text{tg } 34° = 0,45$

$$Fr=410,43\times 0,45=184,69 \text{ kN/m}$$

$$\frac{Fr}{Fa}=\frac{184,69}{147,94}=1,25$$

para $0,80 \cdot \text{tg}\phi = 0,8 \cdot \text{tg } 34° = 0,539$

$$Fr=410,43\times 0,539=221,22 \text{ kN/m}$$

$$\frac{Fr}{Fa}=\frac{221,22}{147,94}=1,50$$

No caso de adotarmos 0,67 tgϕ deveremos aumentar a base

d) Verificação ao tombamento

Momento atuante:

$$\boxed{Ma=Eq\cdot\frac{H}{2}+Eh\cdot\frac{H}{3}}$$

$$Ma=49,66\times\frac{5,5}{2}+98,28\times\frac{5,5}{3}=316,75\text{kN/m}$$

Momento resistente: Mr = 901,08 kN/m

$$\frac{Mr}{Ma}=\frac{901,08}{316,75}=2,84>1,5 \qquad \text{(O.K.)}$$

e) Cálculo das tensões na base

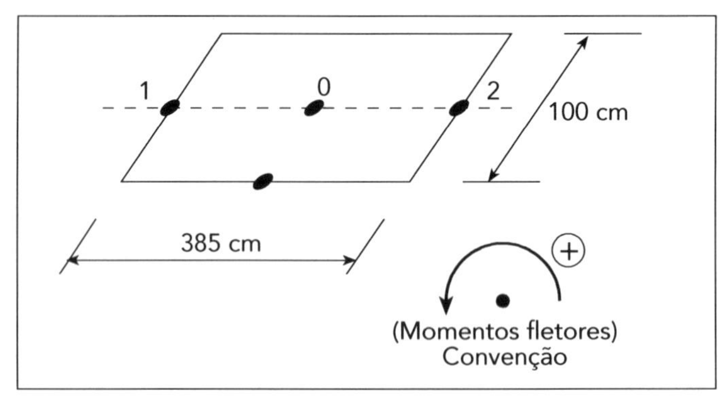

Figura 66

Parte do muro e do solo	Peso (kN/m)	Braço (cm) Ponto (O)	Momento (kNm/m)
①	0,2 × 5,05 × 25 = 25,25	192,5 – 55 – 25 – 10 = 102,50	25,25 × 1,025 = 25,88
②	0,25 × 5,05 × 0,5 × 25 = 15,78	192,5 – 55 – 0,666 × 25 = 120,85	15,78 × 1,2085 = 19,07
③	0,20 × 3,85 × 25 = 19,25	0	0
④	0,25 × 2,85 × 0,5 × 25 = 8,90	192,5 – 55 – 45 – 0,333 × 285 = –2,405 cm	8,9 × (– 0,02405) = – 0,21
⑤	0,45 × 0,25 × 25 = 2,81	192,5 – 0,666 × 55 = 155,87	2,81 × 1.5587 = 4,38
⑥	0,55 × 0,25 × 0,5 × 25 = 1,72	192,5 – 55 – 22 = 115	1,72 × 1,15 = 1,98
⑦ (solo)	(5,05+5,3) × 0,5 × 2,85 × 18 = 265,47	0,5 × 285 – 192,5 = –50	265,47 × (– 0,50) = – 132,73
⑧ (carga distribuída)	2,85 × 25 = 71,25	0,5 × 285 – 192,5 = –50	71,25 × (– 0,50) = – 35,63
Total	410,43		$MR_0 = 117,07$

Tensões

$$\sigma = \frac{P}{S} \pm \frac{Mo}{w}$$

$$S = 1 \times 3,85 = 3,85 \text{ m}^2$$

$$w = 1 \times \frac{3,85^2}{6} = 2,47 \text{ m}^3$$

$$S = 1 \times b \qquad w = 1 \times \frac{b^2}{6}$$

$$Mo = Ma_o - MR_o = 316,75 - 117,07 = 199,68 \text{ kNm/m}$$

$$\sigma = \frac{410,43}{3,85} \pm \frac{199,68}{2,47} = 106,60 \pm 80,84$$

$$\sigma_1 = 106,60 + 80,84 = 187,44 \text{ kN/m}^2$$

$$\sigma_2 = 106,60 - 80,84 = 25,76 \text{ kN/m}^2$$

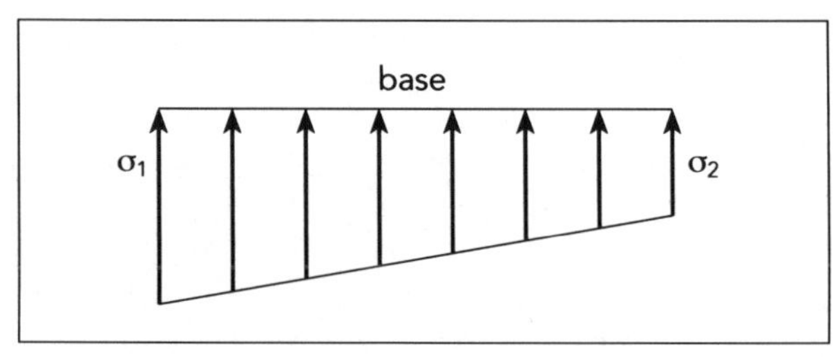

Figura 67

f) Verificação dos esforços no muro à flexão

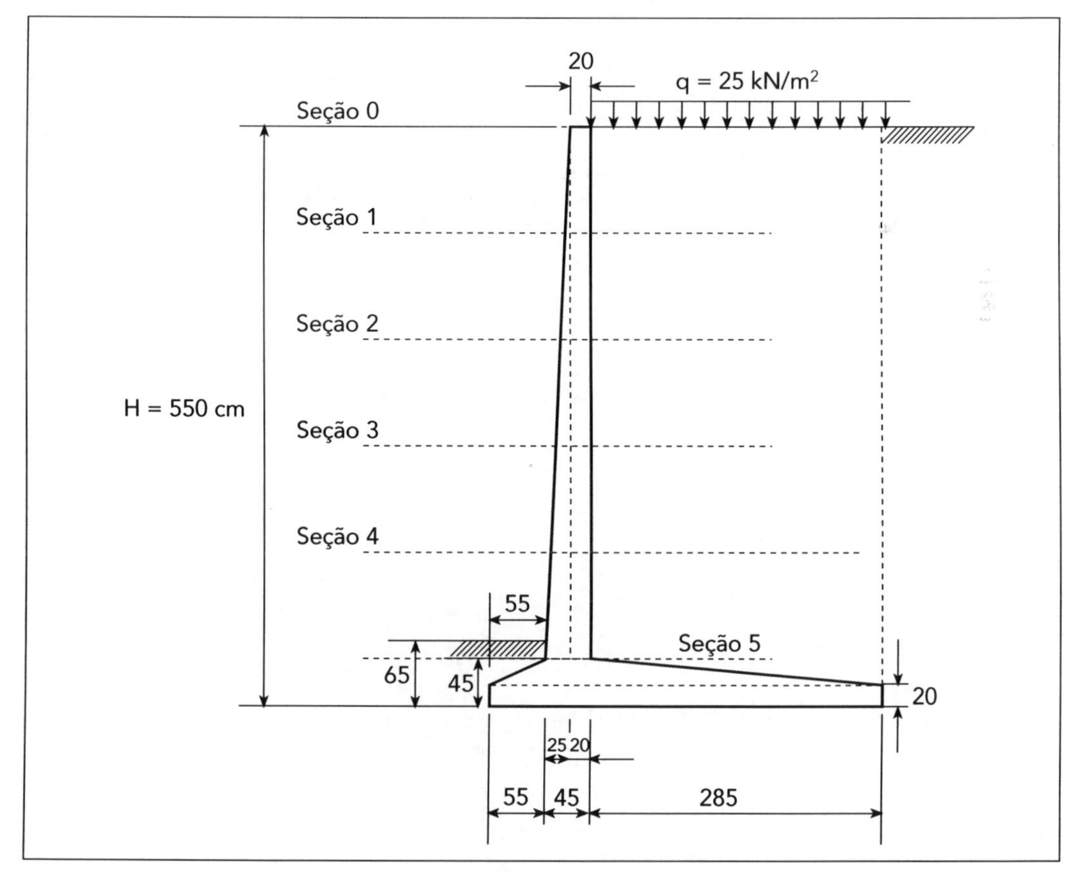

Figura 68

Seção 1

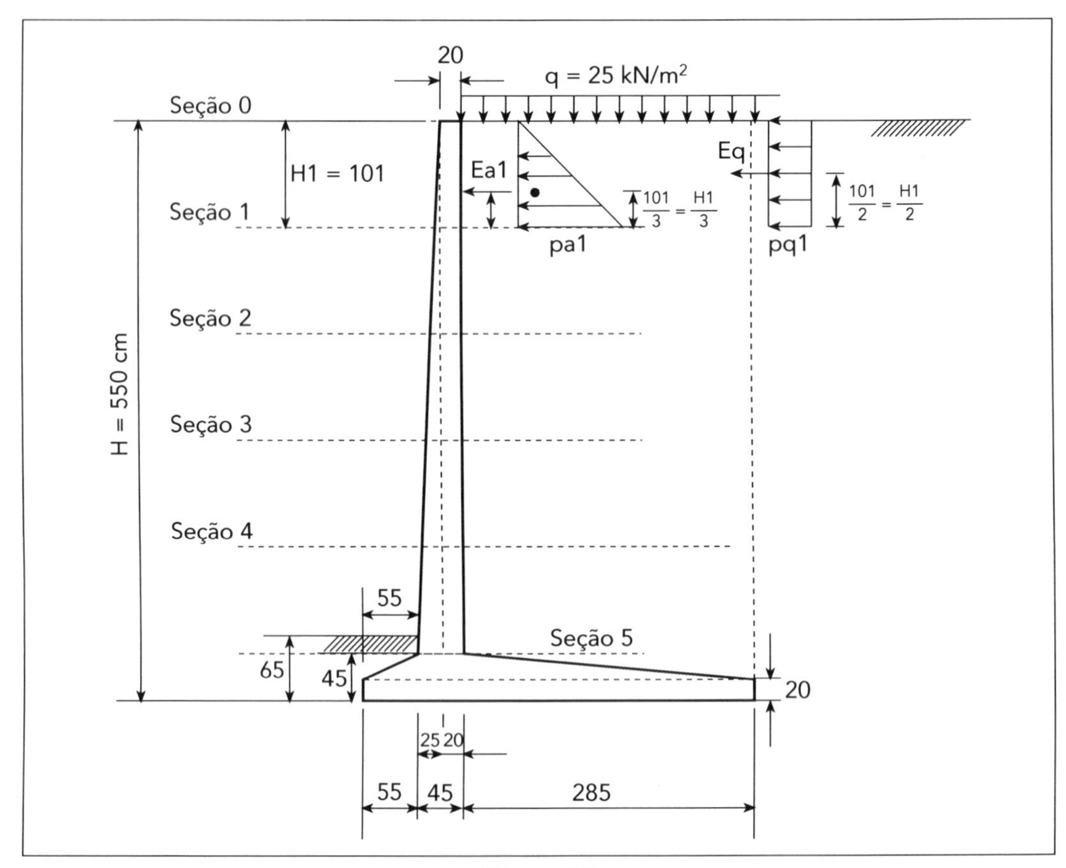

Figura 69

Empuxos

$$pa_1 = Ka \cdot \gamma \cdot H_1 = 0{,}361 \times 18 \times 1{,}01 = 6{,}56 \text{ kN/m}^2$$

$$Ea_1 = pa_1 \cdot \frac{H_1}{2} = 6{,}56 \times \frac{1{,}01}{2} = 3{,}31 \text{ kN/m}$$

$$pq_1 = Ka \cdot q = 0{,}361 \times 25 = 9{,}03 \text{ kN/m}^2$$

$$Eq_1 = pq_1 \cdot H_1 = 9{,}03 \times 1{,}01 = 9{,}12 \text{ kN/m}$$

Cortante na seção 1

$$VS_1 = 3{,}31 + 9{,}12 = 12{,}43$$

$$VSd_1 = 1{,}4 \times 12{,}43 = 17{,}40 \text{ kN/m}$$

Momento fletor na seção 1

$$MS_1 = Ea_1 \cdot \frac{H_1}{3} + Eq_1 \cdot \frac{H_1}{2} = 3{,}31 \times \frac{1{,}01}{3} + 9{,}12 \times \frac{1{,}01}{2} = 5{,}72 \text{ kNm}$$

Cálculo da armação na seção 1: fck = 20 MPa; CA-50 Aço

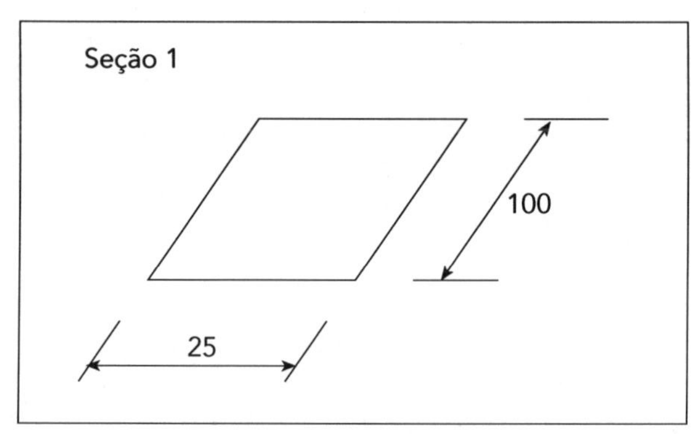

Figura 70

$$e = 20 + \frac{101}{505} \times 25 = 25 \text{ cm}$$

$$bw = 100 \text{ cm} = 1 \text{ m}$$

$$d = e - 4 = 25 - 4 = 21 \text{ cm}$$

$d = e - c$	e = espessura	c = cobrimento

$$K6 = 10^5 \times \frac{bw \cdot d^2}{M_d} = 10^5 \times \frac{1 \times 0{,}21^2}{5{,}72} = 770{,}97$$

$$K6 = 770{,}97 \rightarrow \text{Tabela A} \rightarrow K_3 = 0{,}325$$

$$As = \frac{K_3}{10} \cdot \frac{M_d}{d}$$

$$AS = \frac{0{,}325}{10} \times \frac{5{,}72}{0{,}21} = 0{,}88 \text{ cm}^2/\text{m}$$

$$AS_{\text{mín}} = \frac{0{,}15}{100} \cdot bw \cdot h = \frac{0{,}15}{100} \times 100 \times 25 = 3{,}75 \text{ cm}^2/\text{m}$$

Verificação da armadura da força cortante

VSd_1 = 17,40 kN/m

$VRd_1 = (\tau rd \cdot K \cdot (1{,}2 + 40 \cdot \rho_1)) \cdot bw \cdot d$

fck = 20 MPa; τrd = 276 kPa

$K = 1{,}6 - d = 1{,}6 - 0{,}21 = 1{,}39 > 1$ (O.K.)

$$\rho_1 = \frac{AS_1}{bw \cdot d} = \frac{3,75}{100 \times 21} = 0,001786$$

$$VRd_1 = \left(276 \times 1,39 \underbrace{(1,2 + 40 \times 0,001786)}_{1,271}\right) \times 1 \times 0,21 = 102,43 \text{ kN/m}$$

$$VRd_1 = 102,43 \text{ kN/m} \quad \gg \quad VSd_1 = 17,40 \text{ kN/m}$$

Não é preciso armar a força cortante.

Seção 2

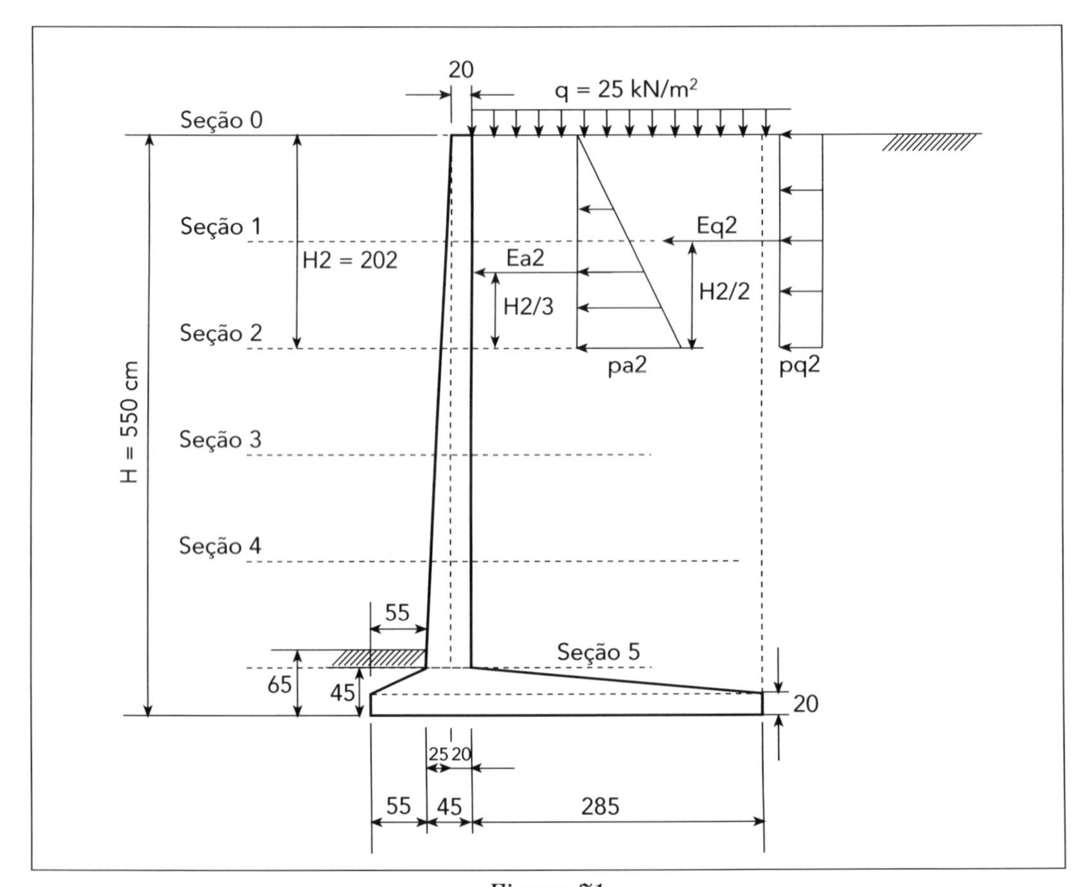

Figura 71

Empuxos

$$pa_2 = Ka \cdot \gamma \cdot H_2 = 0,361 \times 18 \times 2,02 = 13,13 \text{ kN/m}^2$$

$$Ea_2 = pa_1 \cdot \frac{H_2}{2} = 13,13 \times \frac{2,02}{2} = 13,26 \text{ kN/m}$$

$$pq_2 = Ka \cdot q = 0,361 \times 25 = 9,03 \text{ kN/m}^2$$

$$Eq_2 = pq_2 \cdot H_2 = 9,03 \times 2,02 = 18,24 \text{ kN/m}$$

Cortante na seção 2

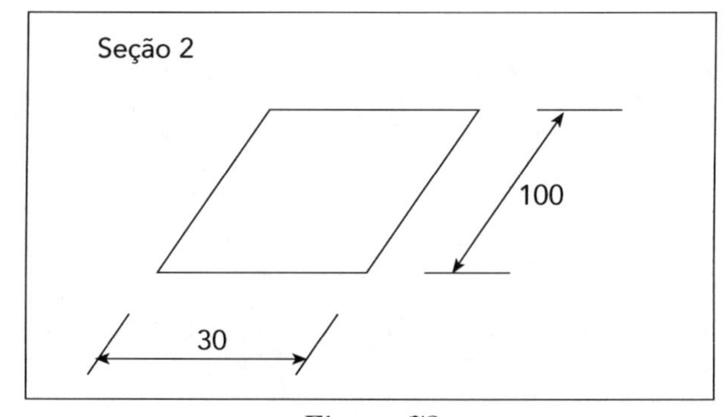

Figura 72

VS_2 = 13,26 + 18,24 = 31,50 kN/m

VSd_2 = 1,4 × 31,50 = 44,10 kN/m

Momento fletor na seção 2: fck = 20 MPa; Aço CA-50

$$MS_2 = Ea_2 \cdot \frac{H_2}{3} + Eq_2 \cdot \frac{H_2}{2} = 13,26 \times \frac{2,02}{3} + 18,24 \times \frac{2,02}{2} = 27,35 \text{ kNm}$$

$$e = 20 + \frac{202}{505} \times 25 = 30 \text{ cm}$$

$$bw = 1 \text{ m} = 100 \text{ cm}$$

$$d = e - 4 = 30 - 4 = 26 \text{ cm}$$

$$K6 = 10^5 \times \frac{bw \cdot d^2}{M_{s2}} = 10^5 \times \frac{1 \times 0,26^2}{27,35} = 247,17$$

$$K6 = 247,17 \rightarrow \text{Tabela A} \rightarrow K_3 = 0,330$$

$$AS = \frac{K_3}{10} \cdot \frac{M_{s2}}{d} = \frac{0,330}{10} \times \frac{27,35}{0,26} = 3,47 \text{ cm}^2/\text{m}$$

$$AS_{\text{mín}} = \frac{0,15}{100} \cdot bw \cdot h = \frac{0,15}{100} \times 100 \times 30 = 4,5 \text{ cm}^2/\text{m}$$

Verificação da armadura da força cortante

$VSd_2 = 44,10$ kN/m

$VRd_1 = (\tau rd \cdot K \cdot (1,2 + 40 \cdot \rho_1)) \cdot bw \cdot d$

$fck = 20$ MPa $\rightarrow \tau rd = 276$ kPa

$K = 1,6 - d = 1,6 - 0,26 = 1,34 > 1$ (O.K.)

$$\rho_1 = \frac{AS}{bw \cdot d}$$

$$\rho_1 = \frac{4,5}{100 \times 26} = 0,001731$$

$$VRd_1 = \left(276 \times 1,34 \underbrace{(1,2 + 40 \times 0,001731)}_{1,2692}\right) \times 1 \times 0,26 = 122,05 \text{ kN/m}$$

$$VRd_1 = 122,05 \text{ kN/m} \quad \gg \quad VSd_2 = 44,10 \text{ kN/m}$$

Não é preciso armar a força cortante.

Seção 3

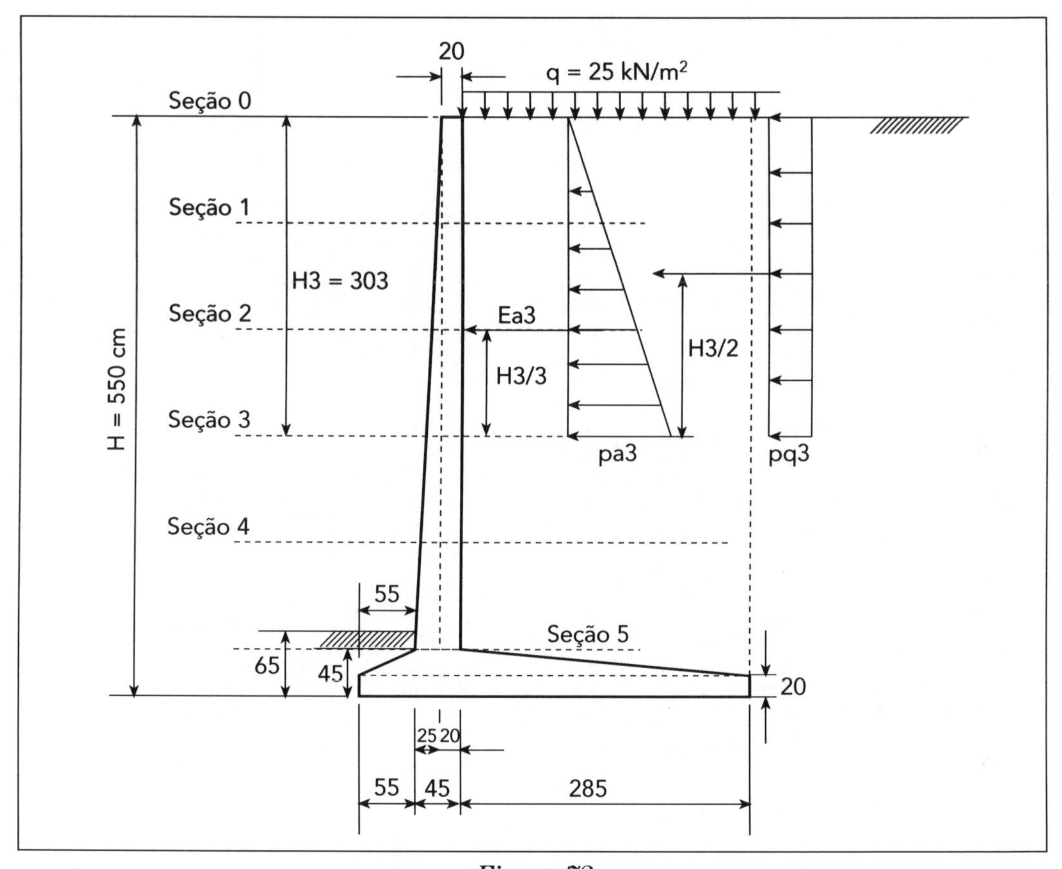

Figura 73

Empuxos

$$pa_3 = Ka \cdot \gamma \cdot H_3 = 0,361 \times 18 \times 3,03 = 19,69 \text{ kN/m}^2$$

$$Ea_3 = pa_3 \cdot \frac{H_3}{2} = 19,69 \times \frac{3,03}{2} = 29,83 \text{ kN/m}$$

$$pq_3 = Ka \cdot q = 0,361 \times 25 = 9,03 \text{ kN/m}^2$$

$$Eq_3 = pq_3 \cdot H_3 = 9,03 \times 3,03 = 27,36 \text{ kN/m}$$

Cortante na seção 3

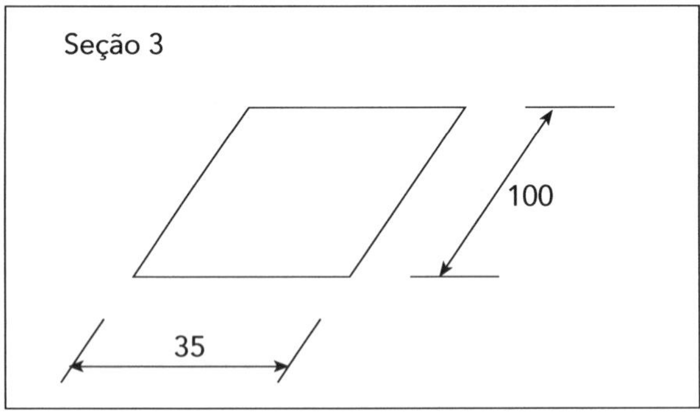

Figura 74

$VS_3 = 29{,}83 + 27{,}36 = 57{,}19$ kN/m

$VSd_3 = 1{,}4 \times 57{,}19 = 80{,}07$ kN/m

Momento fletor na seção

$$MS_3 = Ea_3 \cdot \frac{H_3}{3} + Eq_3 \cdot \frac{H_3}{2} = 29{,}83 \times \frac{3{,}03}{3} + 27{,}36 \times \frac{3{,}03}{2} = 71{,}57 \text{ kNm/m}$$

$$e = 20 + \frac{303}{505} \times 25 = 35 \text{ cm}$$

$$bw = 1 \text{ m} = 100 \text{ cm}$$

$$d = e - 4 = 35 - 4 = 31 \text{ cm}$$

$$K6 = 10^5 \times \frac{bw \cdot d^2}{M_S} = 10^5 \times \frac{1 \times 0{,}31^2}{71{,}57} = 134{,}3$$

$$K6 = 134{,}3 \rightarrow \text{Tabela A} \rightarrow K_3 = 0{,}338$$

$$AS = \frac{K_3}{10} \cdot \frac{M_S}{d} = \frac{0{,}338}{10} \times \frac{71{,}57}{0{,}31} = 7{,}80 \text{ cm}^2/\text{m}$$

$$AS_{\text{mín}} = \frac{0{,}15}{100} \cdot bw \cdot h = \frac{0{,}15}{100} \times 100 \times 35 = 5{,}25 \text{ cm}^2/\text{m}$$

Verificação da armadura da força cortante

$VSd_3 = 80{,}07$ kN/m

$VRd_1 = (\tau rd \cdot K \cdot (1{,}2 + 40 \cdot \rho_1)) \cdot bw \cdot d$

$fck = 20$ MPa $\rightarrow \tau rd = 276$ kPa

$K = 1{,}6 - d = 1{,}6 - 0{,}31 = 1{,}19$

$$\rho_1 = \frac{AS}{bw \cdot d} = \frac{7{,}8}{100 \times 31} = 0{,}002145$$

$$VRd_1 = \left(276 \times 1{,}29\underbrace{(1{,}2 + 40 \times 0{,}002516)}_{1{,}30}\right) \times 1 \times 0{,}31 = 143{,}55 \text{ kN/m}$$

$$VRd_1 = 143{,}55 \text{ kN/m} \qquad \gg \qquad VSd_3 = 66{,}15 \text{ kN/m}$$

Não é preciso armar a força cortante.

Seção 4

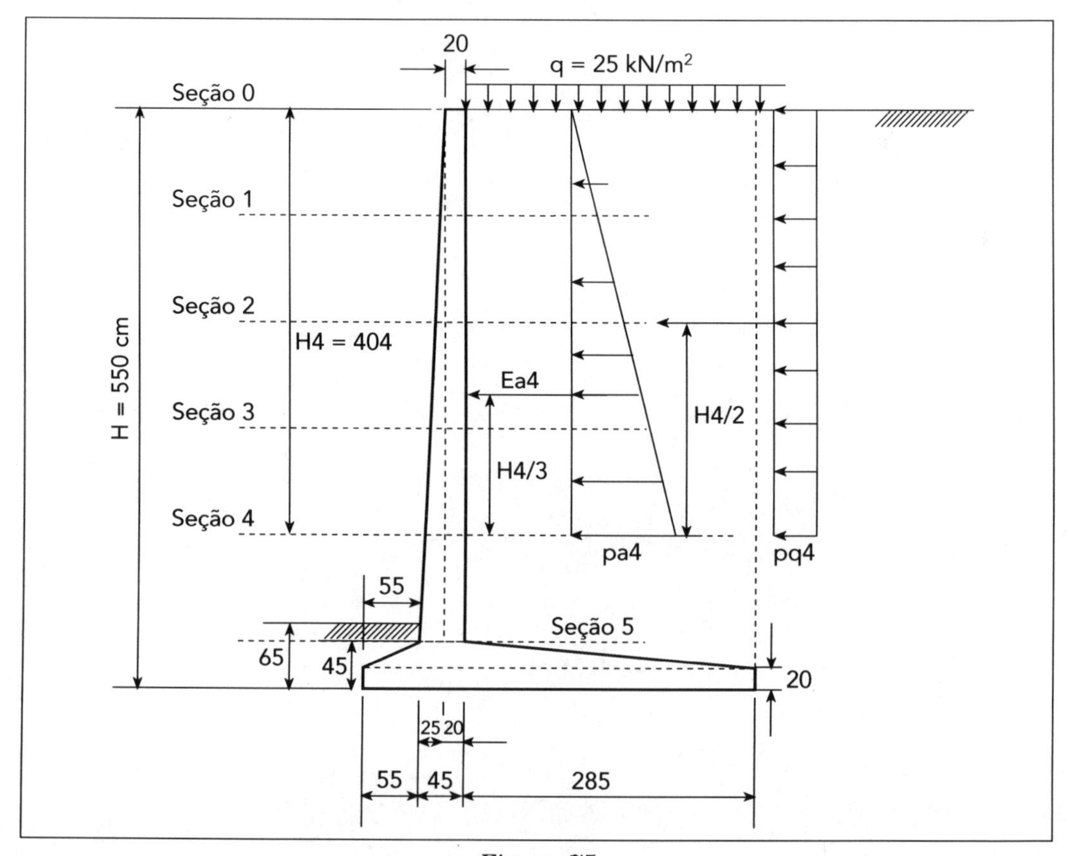

Figura 75

$$pa_4 = Ka \cdot \gamma \cdot H_4 = 0,361 \times 18 \times 4,04 = 26,25 \text{ kN/m}^2$$

$$Ea_4 = pa_4 \cdot \frac{H_4}{2} = 26,25 \times \frac{4,04}{2} = 53,03 \text{ kN/m}$$

$$pq_4 = Ka \cdot q = 0,361 \times 25 = 9,03 \text{ kN/m}^2$$

$$Eq_4 = pq_4 \cdot H_4 = 9,03 \times 4,04 = 36,48 \text{ kN/m}$$

Cortante na seção 4

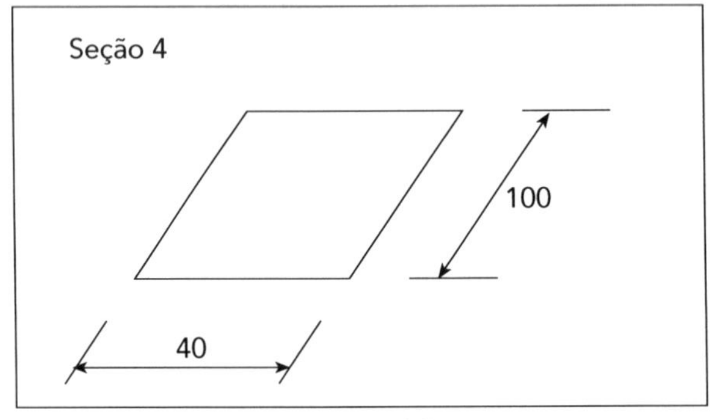

Figura 76

$$VS_4 = 53,03 + 36,48 = 89,51 \text{ kN/m}$$

$$VSd_4 = 1,4 \times 89,51 = 125,32 \text{ kN/m}$$

Momento fletor na seção 4

$$MS_4 = Ea_4 \cdot \frac{H_4}{3} + Eq_4 \cdot \frac{H_4}{2} = 53,03 \times \frac{4,04}{3} + 36,48 \times \frac{4,04}{2} = 145,10 \text{ kNm}$$

$$e = 20 + \frac{404}{505} \times 25 = 40 \text{ cm}$$

$$bw = 1 \text{ m} = 100 \text{ cm}$$

$$d = e - 4 = 40 - 4 = 36 \text{ cm}$$

$$K6 = 10^5 \cdot \frac{bw \cdot d^2}{M_{s4}} = 10^5 \times \frac{1 \times 0,36^2}{145,10} = 89,31$$

$$K6 = 89,31 \rightarrow \text{Tabela A} \rightarrow K_3 = 0,347$$

$$AS = \frac{K_3}{10} \cdot \frac{M_{s4}}{d} = \frac{0,347}{10} \times \frac{145,10}{0,36} = 13,99 \text{ cm}^2/\text{m}$$

$$AS_{\text{mín}} = \frac{0,15}{100} \cdot bw \cdot h = \frac{0,15}{100} \times 100 \times 40 = 6 \text{ cm}^2/\text{m}$$

Verificação da armadura da força cortante

VSd_4 = 125,32 kN/m

$VRd_1 = (\tau rd \cdot K \cdot (1,2 + 40 \cdot \rho_1)) \cdot bw \cdot d$

fck = 20 MPa → τrd = 276 kPa

$$\rho_1 = \frac{AS}{bw \cdot d} = \frac{13,99}{100 \times 36} = 0,003886$$

$$VRd_1 = \left(276 \times 1,24 \underbrace{(1,2 + 40 \times 0,003886)}_{1,355} \right) \times 1 \times 0,36 \cong 167 \text{ kN/m}$$

$$VRd_1 = 167 \text{ kN/m} \quad \gg \quad VSd_4 = 125,32 \text{ kN/m}$$

Não é preciso armar a força cortante.

Seção 5

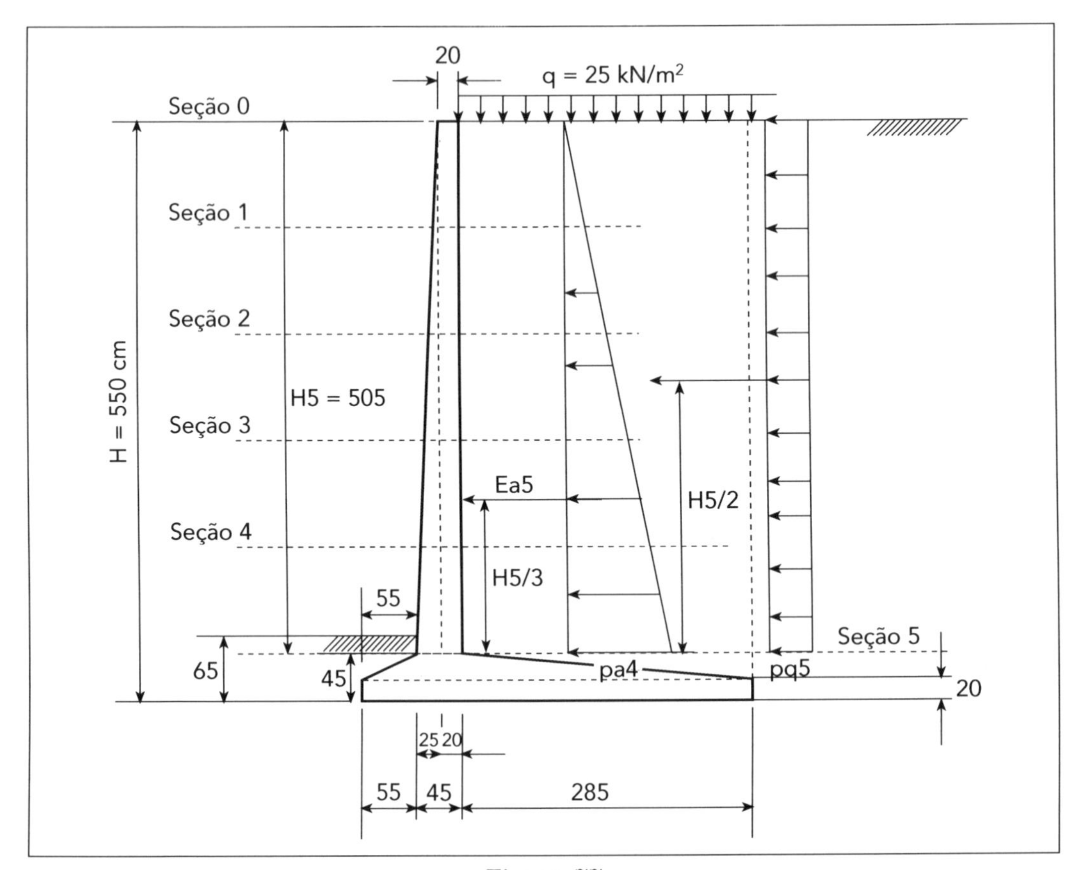

Figura 77

$$pa_5 = Ka \cdot \gamma \cdot H_5 = 0,361 \times 18 \times 5,05 = 32,82 \text{ kN/m}^2$$

$$Ea_5 = pa_5 \cdot \frac{H_5}{2} = 32,82 \times \frac{5,05}{2} = 82,87 \text{ kN/m}$$

$$pq_5 = Ka \cdot q = 0,361 \times 25 = 9,03 \text{ kN/m}^2$$

$$Eq_5 = pq_5 \cdot H_5 = 9,03 \times 45,05 = 45,60 \text{ kN/m}$$

Cortante na seção 5

VS_5 = 82,87 + 45,60 = 128,47 kN/m

VSd_5 = 1,4 × 128,47 = 179,86 kN/m

Momento fletor na seção 5

$$M_{s5} = Ea_5 \cdot \frac{H_5}{3} + Eq_5 \cdot \frac{H_5}{2} = 82,87 \times \frac{5,05}{3} + 45,60 \times \frac{5,05}{2} = 255 \text{ kNm}$$

Cálculo da armação na seção 5

$fck = 20$ MPa   Aço CA-50

$e = 45$ cm

$d = e - 4 = 45 - 4 = 41$ cm

$bw = 1 \text{ m} = 100$ cm

$$K6 = 10^5 \cdot \frac{bw \cdot d^2}{M_{s5}} = 10^5 \times \frac{1 \times 0,41^2}{255} = 65,92$$

$K6 = 49,80 \rightarrow$ Tabela A $\rightarrow K_3 = 0,358$

$$AS = \frac{0,358}{10} \times \frac{255}{0,41} \cong 22,20 \text{ cm}^2/\text{m}$$

Tabela $\rightarrow$ ϕ16 c/9

Verificação da armadura da força cortante

$VSd_5 = 179,86$ kN/m

$VRd_1 = (\tau rd \cdot K \cdot (1,2 + 40 \cdot \rho_1)) \cdot bw \cdot d$

$fck = 20 \text{ MPa} \rightarrow \tau rd = 276$ kPa

$$\rho_1 = \frac{AS}{bw \cdot d} = \frac{22,22}{100 \times 41} = 0,005420$$

$$VRd_1 = \left(276 \times 1,19 \underbrace{(1,2 + 40 \times 0,005420)}_{1,4167}\right) \times 1 \times 0,41 \cong 190,78 \text{ kN/m}$$

$VRd_1 = 190,78$ kN/m $\gg$ $VSd_5 = 179,86$ kN/m

Não é preciso armar a força cortante.

g) Resumo da armadura

fck = 20 MPa   Aço CA-50 Tabela T4 (lajes)

Seção 1 → AS = 3,75 cm^2/m ϕ 12,5 c/25 ou ϕ 10 c/20

Seção 2 → AS = 4,5 cm^2/m ϕ 12,5 c/25 ou ϕ 10 c/17

Seção 3 → AS = 7,80 cm^2/m ϕ 12,5 c/16

Seção 4 → AS = 13,99 cm^2/m ϕ 16 c/14

Seção 5 → AS = 22,20 cm^2/m ϕ 16 c/9

Ancoragem

fck = 20 MPa $\ell b = 44\phi = 44 \times 1 = 44$ cm ϕ = 10 mm = 1 cm

Emendas por traspasse (100%) ($\alpha ot = 2$) → $\ell ot = 2\ \ell b$

Ancoragem 44 ϕ *Emendas*

ϕ 10 mm — $\ell b = 44 \times 1 = 44$ cm ℓot = 88 cm

ϕ 12,5 mm — $\ell b = 44 \times 1{,}25 = 55$ cm ℓot = 110 cm

ϕ 16 mm — $\ell b = 44 \times 1{,}6 = 71$ cm ℓot = 142 cm

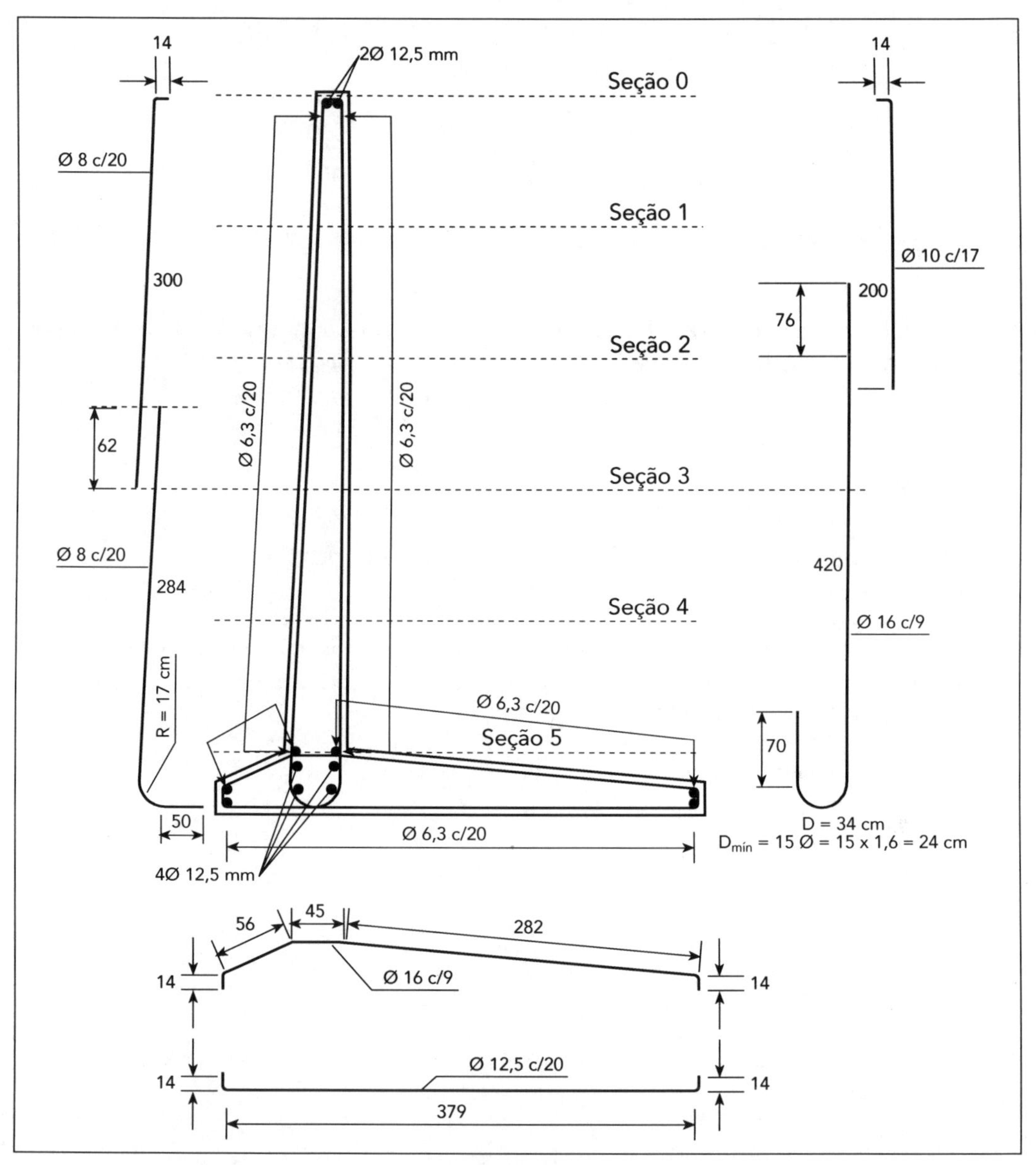

14
2Ø 12,5 mm
Seção 0
14
Ø 8 c/20
Seção 1
Ø 10 c/17
300
200
76
Seção 2
Ø 6,3 c/20
Ø 6,3 c/20
62
Seção 3
Ø 8 c/20
420
284
Seção 4
Ø 16 c/9
R = 17 cm
Ø 6,3 c/20
Seção 5
70
50
Ø 6,3 c/20
D = 34 cm
$D_{mín}$ = 15 Ø = 15 x 1,6 = 24 cm
4Ø 12,5 mm
56
45
282
14
Ø 16 c/9
14
Ø 12,5 c/20
14
14
379

Figura 78

4.3 – PROJETO DE MURO DE ARRIMO COM CONTRAFORTE

Recomendado para $H \geq 6$ m (mais econômico)

Recomendações para facilitar o cálculo do muro de arrimo com contrafortes:

a) Colocar contrafortes nas duas extermidades;

b) Colocar contrafortes a cada 50% de H, para que a parede vertical seja considerada no cálculo como armada em uma única direção;

c) O cálculo da cortina será feito em uma única direção, horizontal, como viga contínua apoiada nos contrafortes:

$$\underset{\text{positivo}}{M = \frac{pl^2}{12}} \qquad \underset{\text{negativo}}{X = \frac{pl^2}{10}};$$

d) O cálculo do contraforte será feito com a carga da cortina $q = 1{,}13 \cdot p_1 \cdot l$ engastado na laje de fundação;

e) O cálculo da laje de fundo será feito em uma única direção, com viga contínua, apoiada nos contrafortes, com cargas de concreto, solo e reação do terreno. O balanço será calculado com a reação do terrreno.

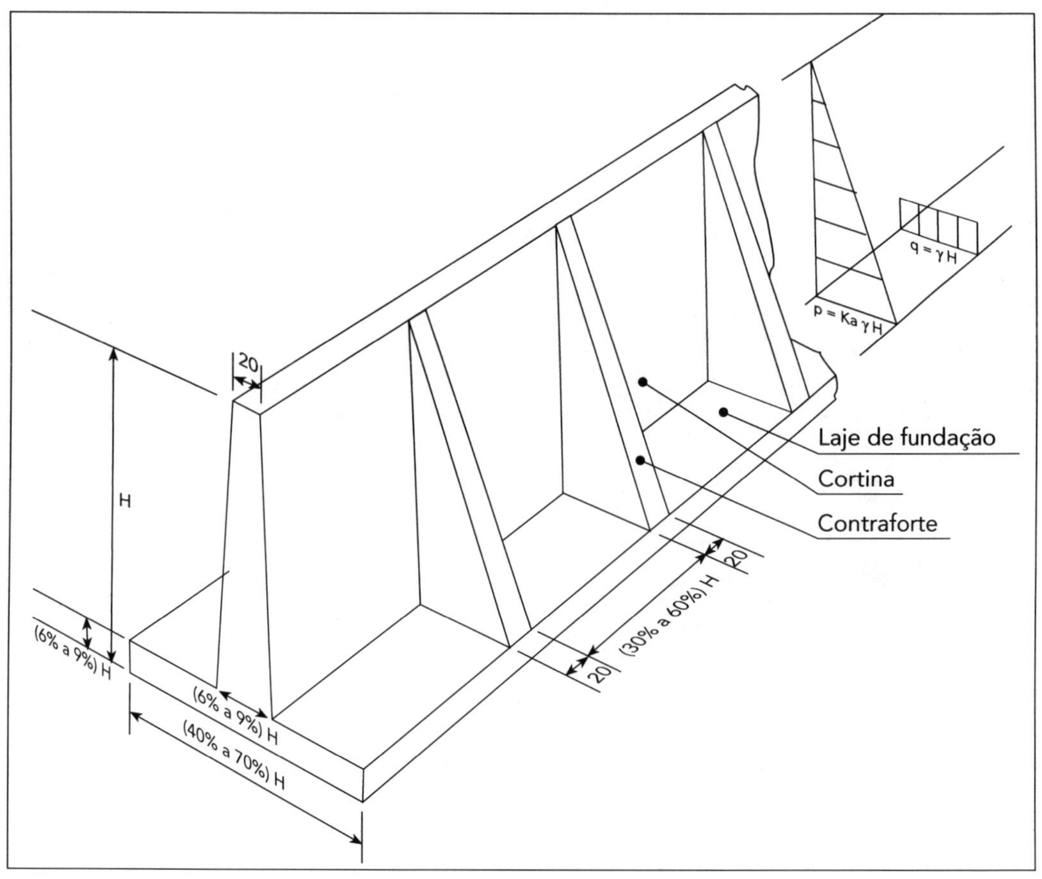

Figura 79

Seja o muro de arrimo com contraforte abaixo para H = 7 m, calcular as dimensões do muro e sua armação.

a) Pré-dimensionamento

$$8\%H = \frac{8}{100} \times 600 = 48 \text{ cm} \rightarrow \text{adotaremos 40 cm}$$

$$70\%H = \frac{70}{100} \times 700 = 490 \text{ cm}$$

$$50\%H = \frac{50}{100} \times 600 = 300 \text{ cm}$$

b) Solo

$$\phi = 30° \rightarrow Ka = 0,333$$

$$\gamma = 1,8 \text{ kN/m}^3$$

$$\sigma s = 2 \text{ kgf/cm}^2 = 200 \text{ kN/m}^2$$

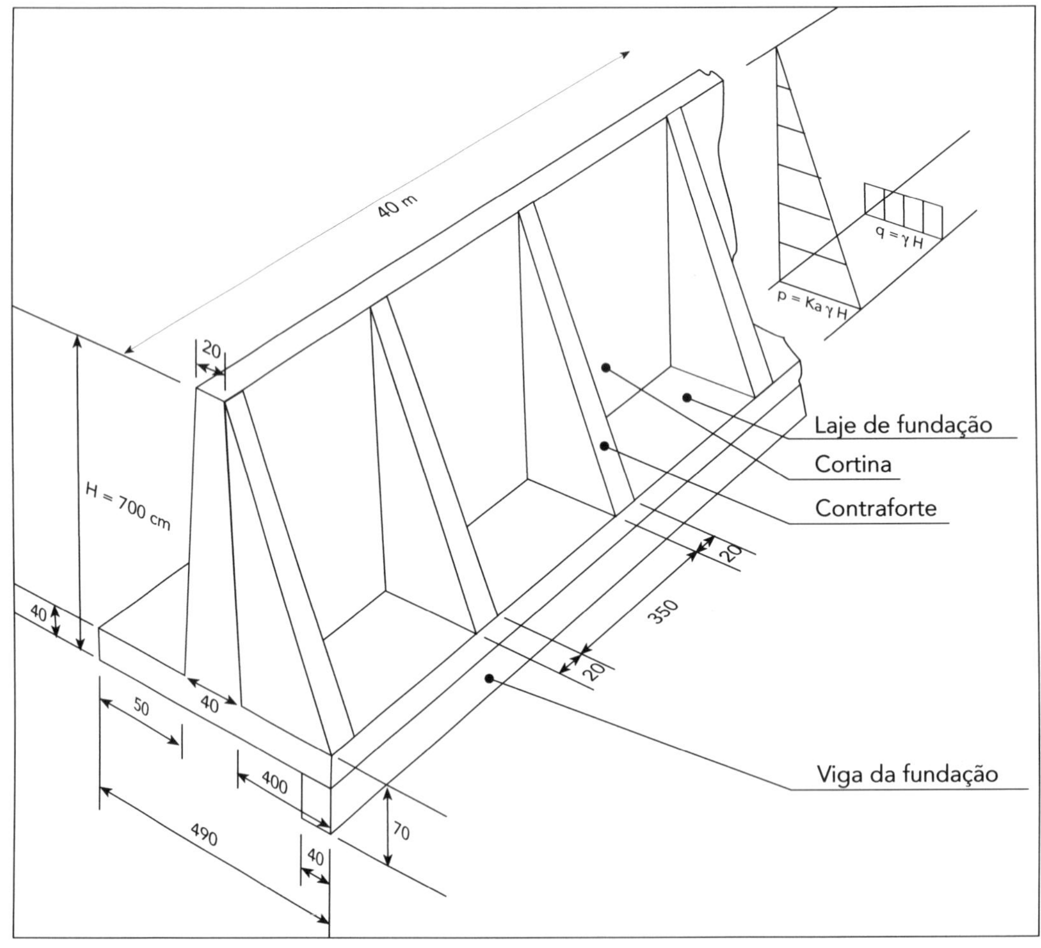

Figura 80

1) Verificação da estabilidade e deslizamento-escorregamento

a) Cargas verticais

concreto

$$\text{fundação} = 0,4 \times 4,9 \times 25 = 49 \text{ kN/m}$$

$$\text{cortina} = \frac{0,4 + 0,2}{2} \times 6,6 \times 25 = 49,5 \text{ kN/m}$$

$$\text{contraforte} = \frac{4 \times 6,6}{2} \times 0,2 \times 25 = 66 \text{ kN/contraforte}$$

$$pc = (49 + 49,5) \times 3,7 + 66 = 430,45 \text{ kN}$$

solo

$Ps = 4 \times 6,6 \times 18 \times 3,7 = 1.758,24$ kN

b) Cargas horizontais: empuxos

$$Ei = \frac{1}{2} \cdot \gamma \cdot Ka \cdot H^2 = \frac{1}{2} \times 18 \times 0,33 \times 7^2 = 145,53 \text{ kN/m}$$

$$Et = \ell \cdot Ei = 3,7 \times 145,53 = 538,46 \text{ kN} \quad \text{(entre eixos de contraforte)}$$

c) Verificação a deslizamento

$\phi = 30° \rightarrow f = 0,67 \cdot \text{tg}\phi = 0,386$

$(Pc + Ps) \cdot f \geq 1,5 \cdot Et$

$$(Pc + Ps) \cdot f = \underbrace{(430,45 + 1,758,24)}_{2.188,69} \times 0,386 = 844 \text{ kN}$$

$$1,5Et = 1,5 \times 538,46 = 807,69 \text{ kN}$$

$$\boxed{f_{\text{real}} = \frac{807,69}{2.188,69} = 0,369} \text{ (O.K.)} < 0,67 \text{ tg}\phi$$

2) Verificação a tombamento

a) Cargas verticais: (resistente)

concreto (entre eixos de contraforte)

$$\text{fundação} = M_1 = 49 \times 3,7 \times \frac{\overbrace{4,9}^{\text{braço}}}{2} = 444,18 \text{ kNm}$$

$$\text{cortina} = 0,2 \times 6,6 \times 25 \times 3,7 \times \left(\overbrace{\underbrace{0,5 + 0,1}_{0,6}}^{\text{braço}} \right) = 73,26 \text{ kN/m}$$

$$\text{cortina} = \frac{0,2 \times 6,6}{2} \times 25 \times 3,7 \times \left(\overbrace{\underbrace{0,7 + \frac{0,2}{3}}_{0,766 \text{ m}}}^{\text{braço}} \right) = 46,80 \text{ kNm}$$

$$\text{contraforte} = 66 \times \left(\overbrace{\underbrace{0,5 + 0,4 + \frac{4}{3}}_{2,23 \text{ m}}}^{\text{braço}} \right) = 147,40 \text{ kNm}$$

$$= 711,64 \text{ kNm}$$

solo

$$Mr = 1{,}758{,}24 \times \left(\underbrace{\overbrace{0{,}9 + \frac{4{,}0}{2}}^{\text{braço}}}_{2{,}23\ \text{m}} \right) \cong 5.098{,}90\ \text{kNm}$$

b) Cargas horizontais: empuxo

$$Ma = 538{,}46 \times \frac{7}{3} = 1.256{,}41\ \text{kNm}$$

c) Verificação a tombamento

$Mr > 1{,}5 \cdot Ma$

$Mr = 711{,}64 + 5.098{,}90 = 5.810{,}54$ kNm (O.K.) $Mr > 1{,}5\, Ma$

$1{,}5 \cdot Ma = 1{,}5 \times 1.256{,}41 = 1.884{,}61$kNm

3) Cálculo das cortinas: ($fck = 25$ MPa)

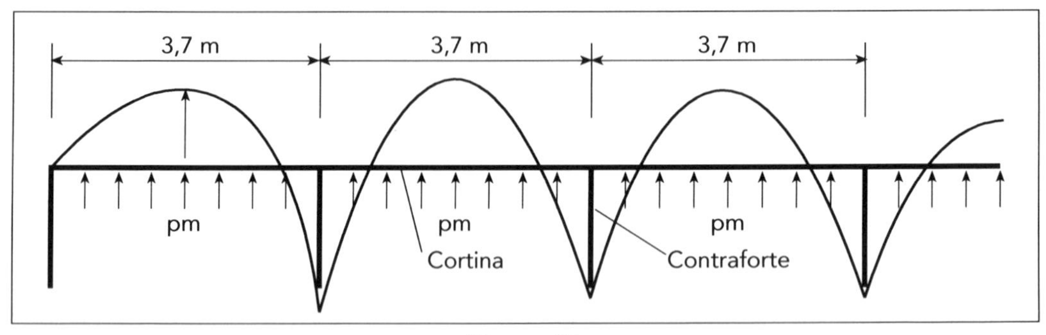

Figura 81

a) Empuxos: $p = Ka \cdot \gamma \cdot H = 0{,}333 \times 18 \cdot H = 6 \cdot H$

$H = 6{,}6\ \text{m} \rightarrow p = 39{,}6\ \text{kN/m}^2$ $\qquad e = 40$ cm

$H = 5{,}6\ \text{m} \rightarrow p = 33{,}6\ \text{kN/m}^2$ $\qquad e = 20 + 20 \times \dfrac{5{,}6}{6{,}6} = 36{,}97$ cm

$H = 4{,}6\ \text{m} \rightarrow p = 27{,}6\ \text{kN/m}^2$ $\qquad e = 20 + 20 \times \dfrac{4{,}6}{6{,}6} = 33{,}94$ cm

$H = 3{,}6\ \text{m} \rightarrow p = 21{,}6\ \text{kN/m}^2$ $\qquad e = 20 + 20 \times \dfrac{3{,}6}{6{,}6} = 30{,}91$ cm

$H = 2{,}6 \text{ m} \rightarrow p = 15{,}6 \text{ kN/m}^2$ $\qquad e = 20 + 20 \times \frac{2{,}6}{6{,}6} = 27{,}88 \text{ cm}$

$H = 1{,}6 \text{ m} \rightarrow p = 9{,}60 \text{ kN/m}^2$ $\qquad e = 20 + 20 \times \frac{1{,}6}{6{,}6} = 24{,}84 \text{ cm}$

$H = 0{,}0 \text{ m} \rightarrow p = 0 \text{ kN/m}^2$ $\qquad e = 20 \text{ cm}$

b) Seção entre (H 6,6 m e H = 5,6 m)

$$pm = \frac{39{,}6 + 33{,}6}{2} = 36{,}6 \text{ kN/m}^2$$

$$em = \frac{30 + 36{,}97}{2} = 38{,}5 \text{ cm}$$

$$d = 38{,}5 - 4 = 34{,}5 \text{ cm}$$

$$M = \frac{pm \cdot \ell^2}{12} = \frac{36{,}6 \times 3{,}7^2}{12} = 41{,}75 \text{ kNm/m}$$

$$X = \frac{pm \cdot \ell^2}{10} = \frac{36{,}6 \times 3{,}7^2}{10} = -50{,}10 \text{ kNm/m}$$

$$V = \frac{5}{8} \cdot pm \cdot \ell = \frac{5}{8} \times 36{,}6 \times 3{,}7 = 84{,}64 \text{ kN/m}$$

Armação e flexão (fck = 25 MPa)

$$K6 = 10^5 \times \frac{b \cdot d^2}{M} \qquad AS = \frac{k3}{10} \cdot \frac{M}{d}$$

$$M = 41{,}75 \text{ kNm/m} \qquad K6 = \frac{10^5 \times 1 \times 0{,}345^2}{41{,}75} = 285$$

$$k3 = 0{,}329 \qquad AS = \frac{0{,}329}{10} \times \frac{41{,}75}{0{,}345} = 3{,}98 \text{ cm}^2\text{/m}$$

$$X = -50{,}10 \text{ kNm/m} \qquad K6 = \frac{10^5 \times 1 \times 0{,}345^2}{50{,}10} = 237$$

$$k3 = 0{,}329 \qquad AS = \frac{0{,}329}{10} \times \frac{50{,}10}{0{,}345} = 4{,}78 \text{ cm}^2\text{/m}$$

$$AS_{\text{mín}} = \frac{0{,}15}{100} \times 38{,}5 \times 100 = 5{,}77 \text{ cm}^2\text{/m} \qquad \phi 10 \text{ c/12,5}$$

Armação a cortante: (fck = 25 MPa) → τrd = 320 kPa

$V = 84,64 \text{ kN/m} \qquad Vd = 1,4 \times 84,64 = 118,5 \text{ kN}$

$\tau rd = 320 \text{ KPa} \qquad k = 1,6 - 0,345 = 1,255 \qquad \rho = \dfrac{6,25}{100 \times 34,5} = 0,00181$

$VRd_2 = [320 \times 1,255 \times (1,2 + 40 \times 0,00181)] \times 1 \times 0,345 = 176 \text{ kN} > Vd$

Não é preciso armar a cisalhamento.

c) Seção entre (H = 4,6 m e H = 3,6 m)

$$pm = \frac{27,6 + 21,6}{2} = 24,6 \text{ kN/m}^2$$

$$em = \frac{33,94 + 30,91}{2} = 32,42 \text{ cm}$$

$$d = 32,42 - 4 = 28,42 \text{ cm}$$

$$M = \frac{pm \cdot \ell^2}{12} = \frac{24,6 \times 3,7^2}{12} = 28,06 \text{ kNm/m}$$

$$X = \frac{pm \cdot \ell^2}{10} = \frac{24,6 \times 3,7^2}{10} = -33,67 \text{ kNm/m}$$

$$V = \frac{5}{8} \cdot pm \cdot \ell = \frac{5}{8} \times 24,6 \times 3,7 = 56,89 \text{ kN/m}$$

Armação flexão: (fck = 25 MPa)

$$K6 = 10^5 \times \frac{b \cdot d^2}{M} \qquad AS = \frac{k3}{10} \cdot \frac{M}{d}$$

$$M = 28,06 \text{ kNm/m} \qquad K6 = \frac{10^5 \times 1 \times 0,2842^2}{28,06} = 287$$

$$k3 = 0,329 \qquad AS = \frac{0,329}{10} \times \frac{28,06}{0,2842} = 3,25 \text{ cm}^2/\text{m}$$

$$X = -33,67 \text{ kNm/m} \qquad K6 = \frac{10^5 \times 1 \times 0,2842^2}{33,67} = 239$$

$$k3 = 0,329 \qquad AS = \frac{0,329}{10} \times \frac{33,67}{0,2842} = 3,90 \text{ cm}^2/\text{m}$$

$$AS_{\text{mín}} = \frac{0,15}{100} \times 32,42 \times 100 = 4,86 \text{ cm}^2/\text{m} \qquad \phi 10 \text{ c/15}$$

Armação a cortante: (fck = 25 MPa)

$V = 56,89$ kN/m $\quad Vd = 1,4 \times 56,89 = 79,65$ kN

$\tau rd = 320$ KPa $\quad k = 1,6 - 0,2842 = 1,3158 \quad \rho = \dfrac{5,33}{100 \times 28,42} = 0,001875$

$VRd_2 = \left[320 \times 1,3158 \times (1,2 + 40 \times 0,001875)\right] \times 1 \times 0,2842 = 152,5 \text{ kN} > Vd$

Não é preciso armar a cisalhamento.

4) Cálculo do contraforte: (20 × variável)

$q = 1,13 \cdot p_1 \cdot \ell = 1,13 \times 39,56 \times 3,7 = 165,4$ kN/m

$p_1 = Ka \cdot \gamma \cdot H = 0,333 \times 18 \times 6,6 = 39,56$ kN/m^2

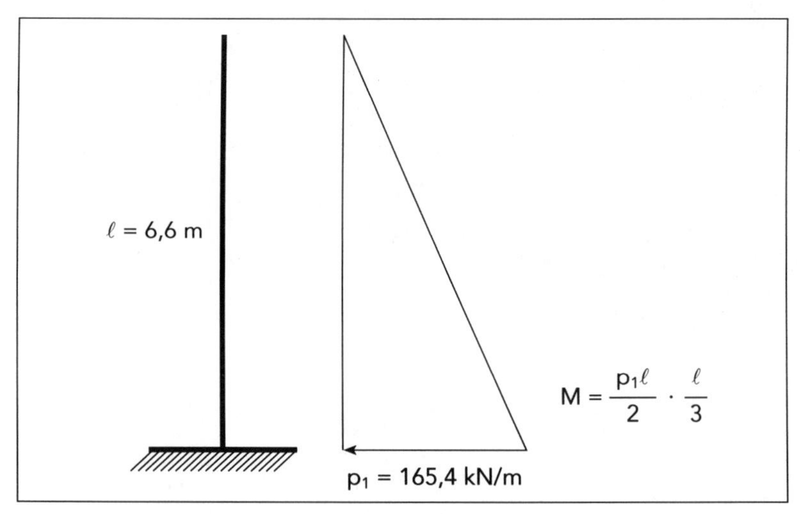

Figura 82

$$M = \frac{6,6 \times 165,4}{2} \times \frac{6,6}{3} = 1.200,8 \text{ kNm} \qquad (20 \times 440)$$

$$d = 440 - 5 = 435 \text{ cm}$$

$$M = 1.200,8 \text{ kNm} \qquad K6 = \frac{10^5 \times 0,2 \times 4,35^2}{1.200,8} = 315 \qquad k3 = 0,327$$

$$AS = \frac{0,327}{10} \times \frac{1.220,8}{4,35} = 9,02 \text{ cm}^2/\text{m}$$

$$AS_{mín} = \frac{0,15}{100} \times 20 \times 440 = 13,2 \text{ cm}^2 \qquad 7\phi 16 \text{ mm}$$

Cisalhamento (ver anexo):

$$V = 165,4 \times \frac{6,6}{2} = 545,82 \text{ kN} \qquad Vd = 1,4 \times 545,82 = 764,15 \text{ kN}$$

$$VRd_2 = 4.339 \times 0,2 \times 4,35 = 3.774,9 \text{ kN}$$

$$Vco = 767 \times 0,2 \times 4,35 = 667,39 \text{ kN}$$

$$Vsw = 764,15 - 667,29 = 96,86 \text{kN}$$

$$\frac{ASw}{S} = \frac{96,86}{0,9 \times 4,35 \times 43,5} = 0,56 \text{ cm}^2/\text{m} \qquad \text{adotaremos } \phi 10 \text{ c/25 (2 ramos)}$$

$$\left(\frac{ASw}{S}\right)_{\text{mín}} = 0,10 \times 20 = 2 \text{ cm}^2/\text{m}$$

Armadura de pele

$$AS_{\text{pele}} = \frac{0,10}{100} \times 20 \times 4,35 = 8,70 \text{ cm}^2/\text{face}$$

$$AS_{\text{pele}} = \frac{8,7}{4,35} = 2 \text{ cm}^2/\text{m} \qquad \phi 8 \text{ c/20}$$

5) Cálculo das tensões no solo

$$\sigma = \frac{P}{S} \pm \frac{M}{w}$$

$P =$ carga vertical total
$S =$ área
$M =$ momento atuante
$w = \frac{b \cdot d^2}{6}$ (modelo de resistência)

C.G. da laje: e = $\frac{4,9}{\sigma}$ = 2,45 m

$$P = 2.188,69 \text{ kN}$$

$$S = 4,9 \times 3,7 = 18,13 \text{ m}^2$$

$$w = \frac{3,7 \times 4,9^2}{6} = 14,80 \text{ m}^3$$

Laje de fundação/centro da fundação

$e_i = 0$

P = 3,7 × 4,9 × 0,4 × 25 = 181,3 kN

e = 0,0

M = 0

$$\sigma = \frac{181,3}{3,7 \times 4,9} = 10 \text{ kN/m}$$

Cortina: P1 = 0,2 × 6,6 × 25 = 33 kN/m

$$P2 = \frac{0,2 \times 6,6 \times 25}{2} = 16,5 \text{ kN/m}$$

$$e_1 = \frac{4,9}{2} - 0,6 = 1,85 \text{ m}$$

$$e_2 = \frac{4,9}{2} - 0,7 + \frac{1}{3} \times 0,2 = 1,68 \text{ m}$$

$$\sigma = \frac{N}{S} \pm \frac{M}{W} = \frac{33 + 16,5}{3,7 \times 4,9} \pm \frac{33 \times 1,85 + 16,5 \times 1,68}{14,8}$$

$$\sigma_1 = 2,73 + 6 = 8,73 \text{ kN/m}^2$$

$$\sigma_2 = 2,73 - 6 = 3,27 \text{ kN/m}^2$$

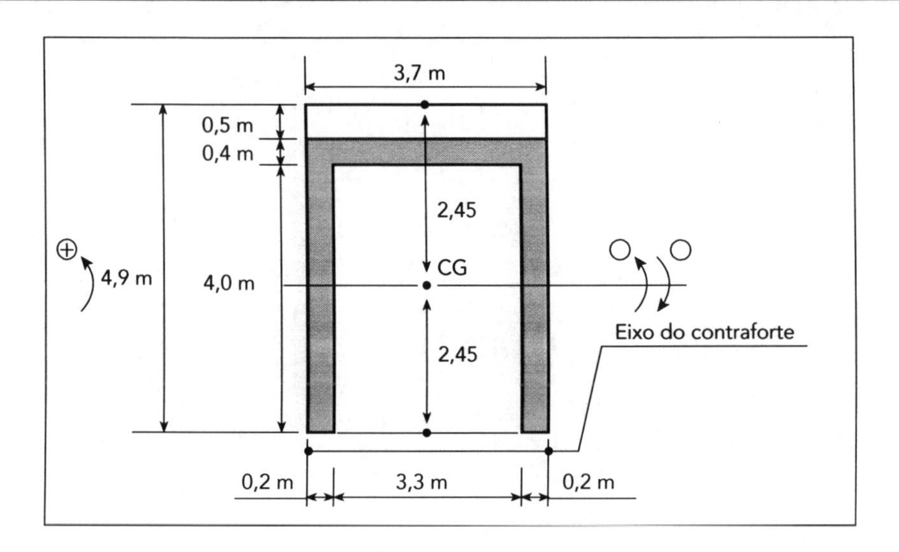

Contraforte:

$$P_l = \frac{4 \times 6{,}6}{2} \times 0{,}2 \times 25 = 66 \text{ kN}$$

$$e_i = 2{,}45 - \frac{2}{3} \times 4 \cong -0{,}22 \text{ m}$$

$$\sigma = \frac{N}{S} \pm \frac{M}{W}$$

$$\sigma_1 = \frac{6{,}6}{3{,}7 \times 4{,}9} + \frac{66 \times (-0{,}22)}{14{,}8} = 3{,}64 - 0{,}98 = 2{,}66 \text{ kN/m}^2$$

$$\sigma_2 = 3{,}64 + 0{,}98 = 4{,}62 \text{ kN/m}^2$$

Solo:

$$P_l = 4{,}0 \times 6{,}6 \times 18 \times 3{,}3 = 1568{,}16 \text{ kN}$$

$$e_i = \frac{-4{,}9}{2} + 2 = -0{,}45 \text{ m}$$

$$\sigma_1 = \frac{N}{S} + \frac{M}{W} = \frac{1568{,}16}{3{,}7 \times 4{,}9} + \frac{1568{,}16 \times (-0{,}45)}{14{,}8} = 86{,}5 - 47{,}68 = 38{,}82 \text{ kN/m}^2$$

$$\sigma_2 = \frac{N}{S} - \frac{M}{W} = \frac{1568{,}16}{3{,}7 \times 4{,}9} - \frac{1568{,}16 \times (-0{,}45)}{14{,}8} = 86{,}5 - 47{,}68 = 134{,}18 \text{ kN/m}^2$$

Tensão no solo:

$$\sigma_1 = 10 + 8{,}73 + 2{,}66 + 38{,}82 = 60{,}21 \text{ kN/m}^2 < \sigma_{adm} = 200 \text{ kN/m}^2$$

$$\sigma_2 = 10 - 3{,}27 + 6{,}3 + 134{,}18 = 147{,}21 \text{ kN/m}^2 < \sigma_{adm} = 200 \text{ kN/m}^2$$

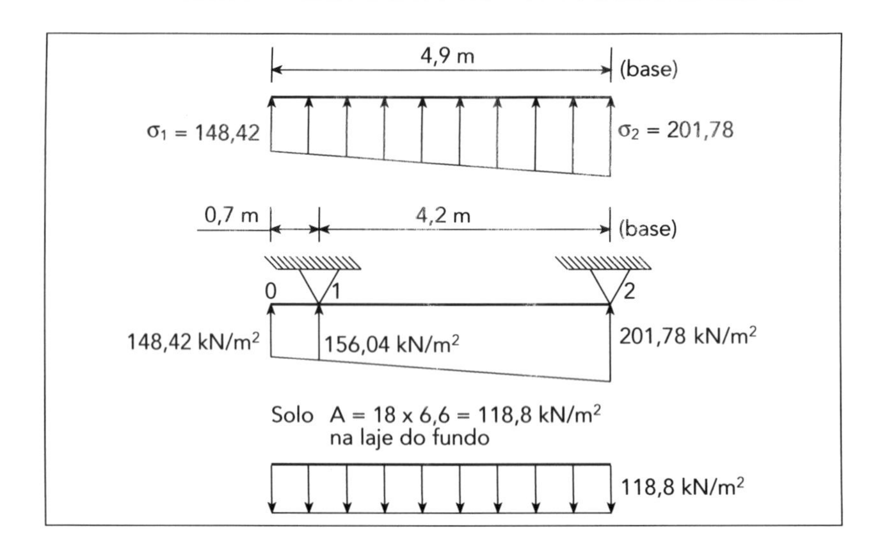

6) Cálculo da fundação: ℓ = 40 cm; d = 40 – 5 = 35 cm

$$\sigma_3 = 148{,}42 + \frac{(201{,}78 - 148{,}42) \times 0{,}7}{4{,}9} = 156{,}04 \text{ kN/m}^2$$

Cálculo do momento no balanço (0 e 1)

$$M_1 = 156{,}04 \times \frac{0{,}7^2}{2} + (156{,}04 - 148{,}42) \times \frac{0{,}7^2}{3} = 39{,}47 \text{ kNm}$$

ou aproximadamente

$$M_1 = \frac{156{,}04 + 148{,}42}{2} \times \frac{0{,}7^2}{2} = 37{,}3 \text{ kNm/m}$$

Cálculo do momento entre (1 e 2)

Cálculo na direção dos contrafortes

$$M = (156{,}04 - 118{,}8) \times \frac{3{,}7^2}{12} = 42{,}48 \text{ kNm/m}$$

$$M = \frac{p\ell^2}{12}$$

$$M = \frac{p\ell^2}{10} = +(156{,}04 - 118{,}8) \times \frac{3{,}7^2}{10} = 50{,}98 \text{ kNm/m}$$

Cálculo da armação

$$M_1 = 39{,}47 \text{ kNm/m} \qquad K6 = \frac{10^5 \times 1 \times 0{,}35^2}{39{,}47} = 310 \qquad k3 = 0{,}329$$

$$AS = \frac{0{,}329}{10} \times \frac{39{,}47}{0{,}35} = 3{,}69 \text{ cm}^2/\text{m} \qquad AS_{\text{mín}} = 6 \text{ cm}^2/\text{m}$$

$$M = 42{,}48 \text{ kNm/m} \qquad K6 = \frac{10^5 \times 1 \times 0{,}35^2}{42{,}48} = 288 \qquad k3 = 0{,}329$$

$$AS = \frac{0{,}329}{10} \times \frac{42{,}48}{0{,}35} = 4 \text{ cm}^2/\text{m}$$

$$X = 50{,}98 \text{ kNm/m} \qquad K6 = \frac{10^5 \times 1 \times 0{,}35^2}{50{,}98} = 240 \qquad k3 = 0{,}329$$

$$AS = \frac{0{,}329}{10} \times \frac{50{,}98}{0{,}35} = 4{,}79 \text{ cm}^2/\text{m} \qquad AS_{\text{mín}} = 6 \text{ cm}^2/\text{m} \qquad \phi 10 \text{ c/12,5}$$

Cortante: $fck = 25$ MPa

$$V = \frac{148{,}42 + 156{,}04}{2} \times 0{,}7 = 106{,}56 \text{ kN/m} \qquad Vd = 1{,}4 \times 106{,}56 = 149{,}19 \text{ kN}$$

$$\tau rd = 0{,}32 \text{ MPa} = 320 \text{ KPa} \qquad k = 1{,}6 - d = 1{,}6 - 0{,}35 = 1{,}25 \text{ m}$$

$$\rho_1 = \frac{6{,}25}{100 \times 35} = 0{,}00178$$

$$VRd_1 = \left[320 \times 1{,}25(1{,}2 + 40 \times 0{,}00178)\right] \times 1 \times 0{,}35 = 178 \text{ kN} > Vd \qquad \text{(O.K.)}$$

Não é preciso armar a cisalhamento.

7) Cálculo da viga da fundação

Flexão

$$AS_{\text{mín}} = \frac{0{,}15}{100} \times 40 \times 70 = 4{,}2 \text{ cm}^2 \qquad 3\phi 16 \text{ mm}$$

Pele

$$AS_{\text{mín}} = \frac{0{,}15}{100} \times 40 \times 70 = 2{,}8 \text{ cm}^2 \qquad 6\phi 8 \text{ mm}$$

Cortante

$AS_{\text{mín}} = 0{,}1 \times 40 = 4$ cm²/m $\qquad \phi 10$ c/20

8) Detalhes da armação

a) Armação da laje de fundação

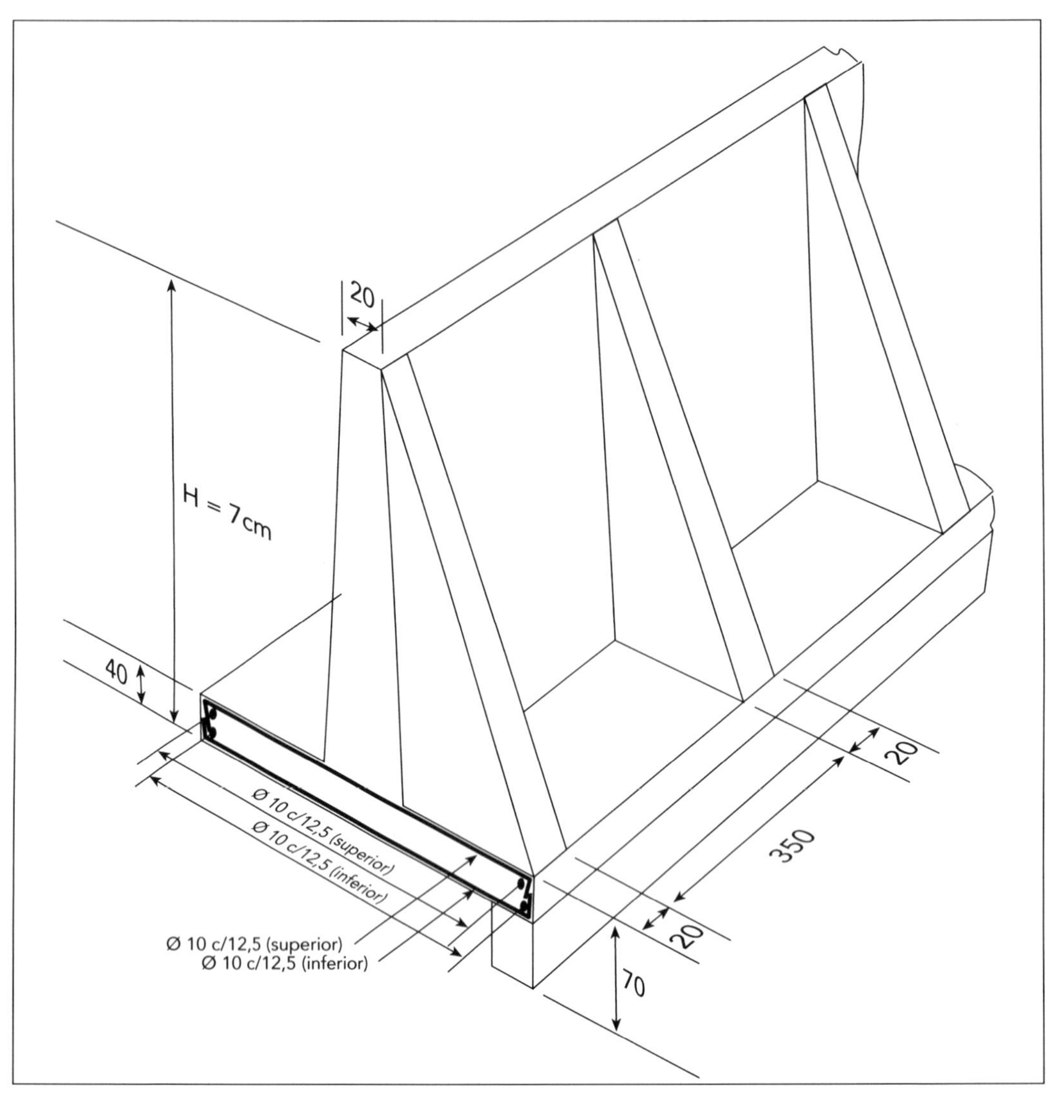

Figura 83

b) Armação do contraforte

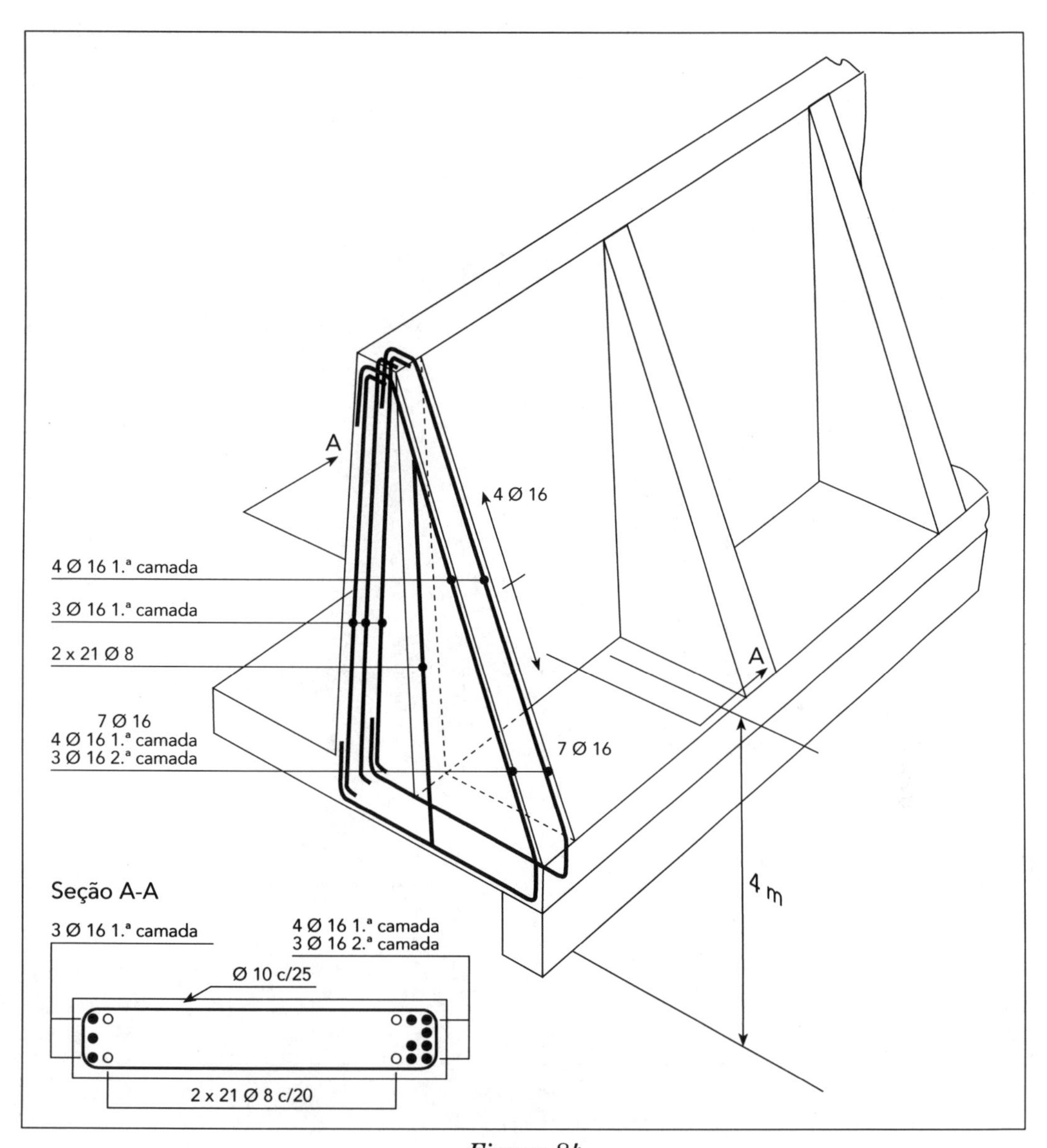

Figura 84

c) Armação da cortina

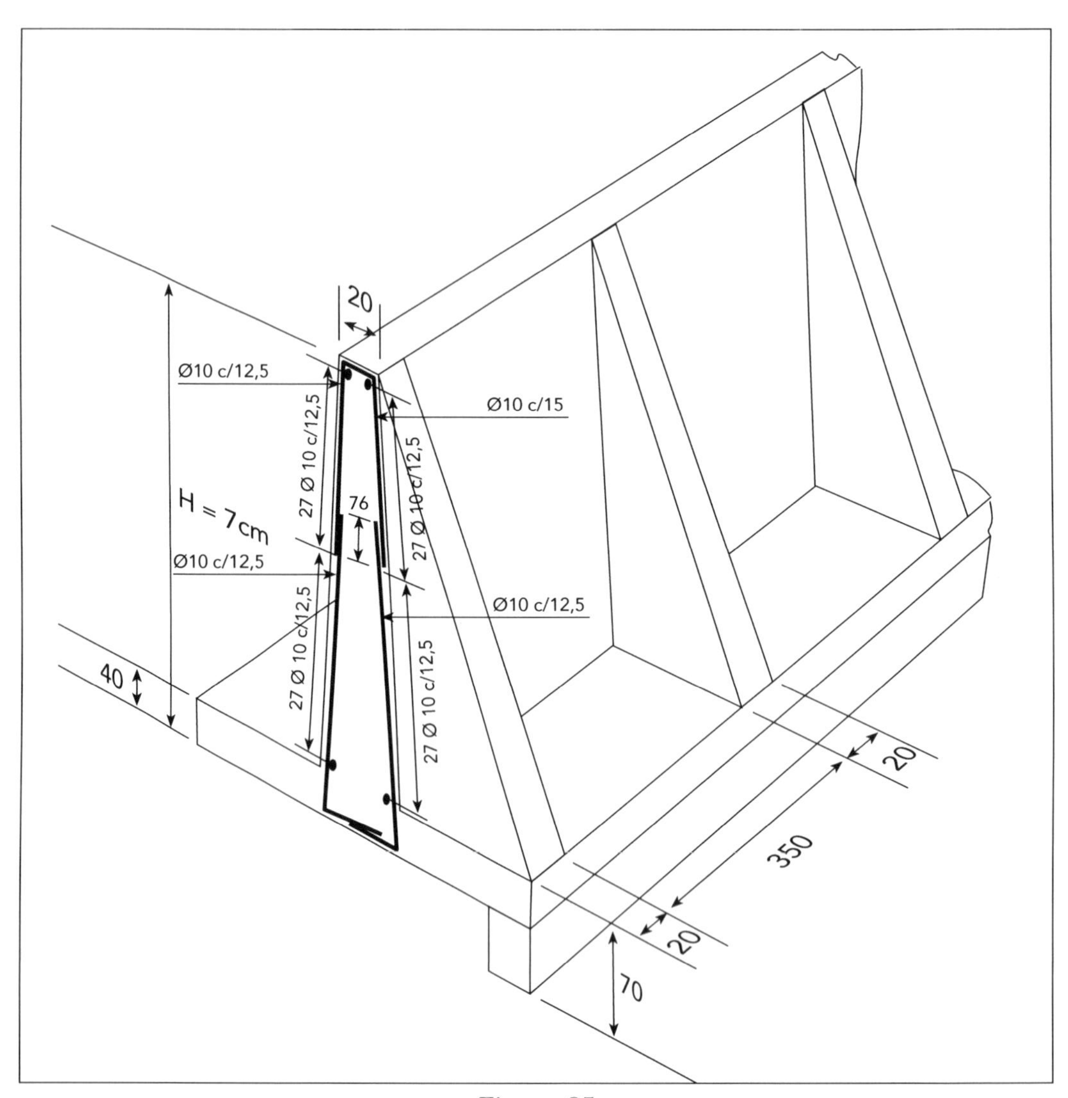

Figura 85

d) Armação da viga de fundação

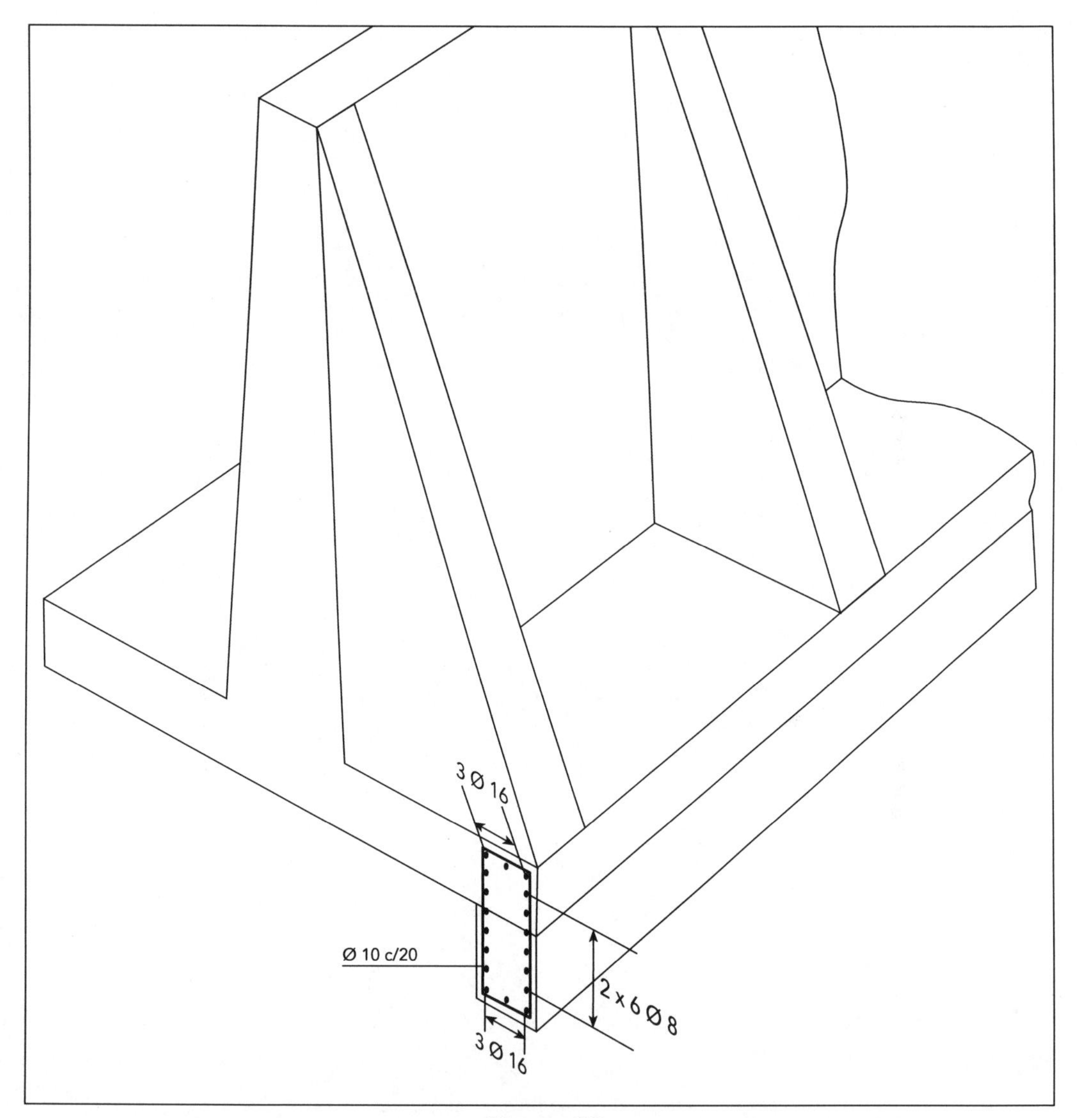

Figura 86

5 — ANEXOS

5.1 – TABELAS DE ARMADURA MÍNIMA DE RETRAÇÃO

Para a correta utilização das Tabelas a seguir, observe os exemplos mostrados para cada uma das tabelas: *fck* = 15 MPa; *fck* = 20 MPa; *fck* = 25 MPa e *fck* = 30 MPa.

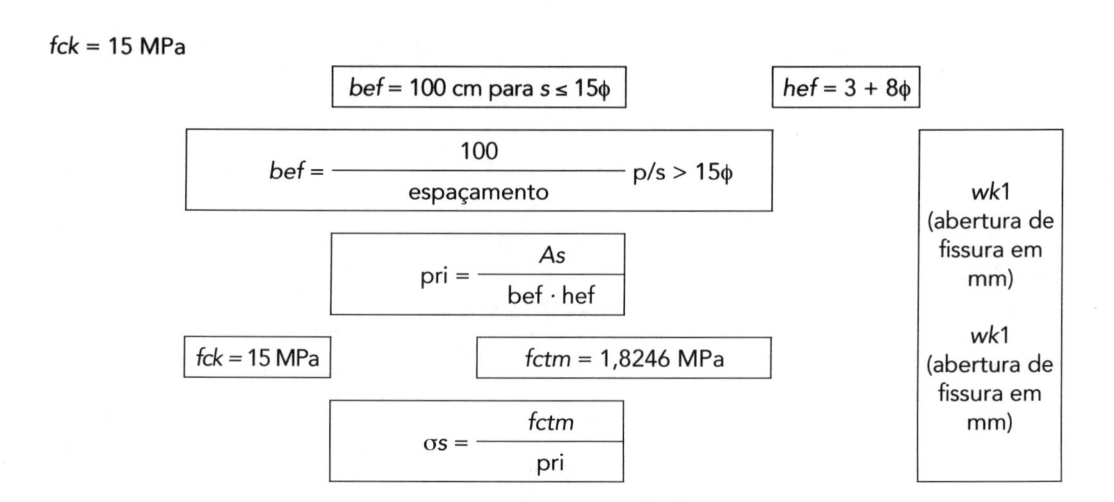

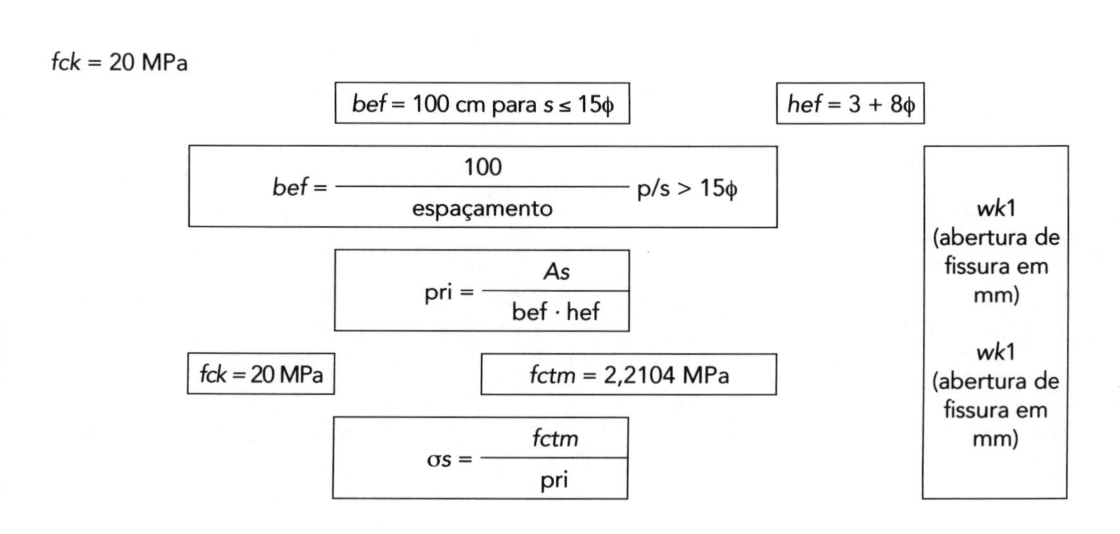

fck = 25 MPa

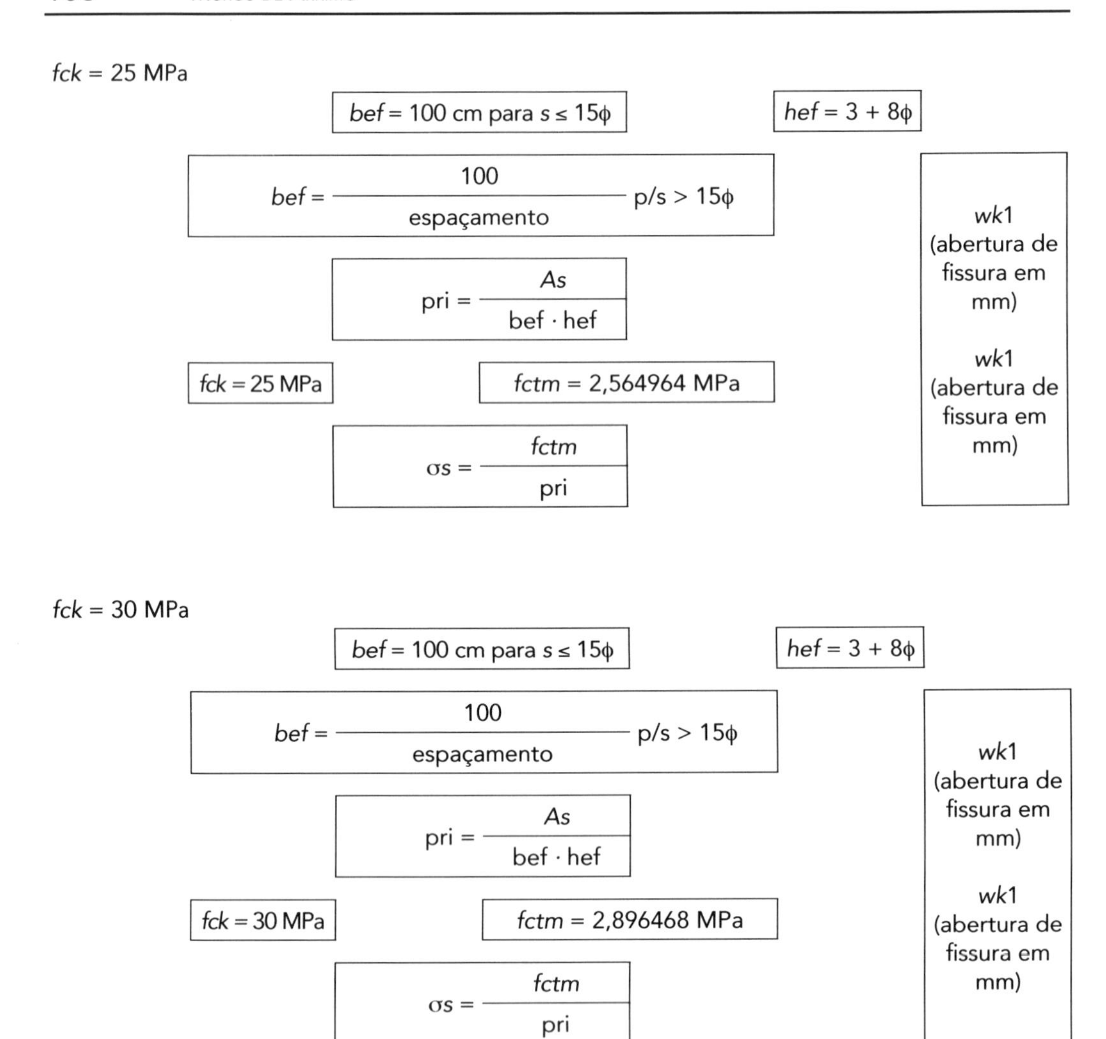

bef = 100 cm para s ≤ 15ϕ
hef = 3 + 8ϕ
bef = 100 / espaçamento p/s > 15ϕ
pri = As / bef · hef
fck = 25 MPa
fctm = 2,564964 MPa
σs = fctm / pri
wk1 (abertura de fissura em mm)
wk1 (abertura de fissura em mm)
fck = 30 MPa
bef = 100 cm para s ≤ 15ϕ
hef = 3 + 8ϕ
bef = 100 / espaçamento p/s > 15ϕ
pri = As / bef · hef
fck = 30 MPa
fctm = 2,896468 MPa
σs = fctm / pri
wk1 (abertura de fissura em mm)
wk1 (abertura de fissura em mm)

Tabela de armadura mínima de retração (fck = 15 MPa)						
Armadura			Cobrimento c = 3 cm			
ϕ (mm)	espaçamento (cm)	AS (cm²)	pri	σs (MPa)	$wk1$ (mm)	$wk2$ (mm)
5	30	0,67	0,003829	477	0,63	0,88
	25	0,80	0,003810	479	0,64	0,89
	20	1,00	0,003810	479	0,64	0,89
	15	1,33	0,003800	480	0,64	0,89
	10	2,00	0,003810	479	0,64	0,89
6,3	30	1,05	0,004146	440	0,54	0,89
	25	1,26	0,004146	440	0,54	0,75
	20	1,58	0,004159	439	0,54	0,75
	15	2,10	0,004146	440	0,54	0,75
	10	3,15	0,004146	440	0,54	0,75
8	30	1,67	0,004441	411	0,47	0,66
	25	2,00	0,004433	412	0,47	0,66
	20	2,50	0,004433	412	0,47	0,66
	15	3,33	0,004428	412	0,47	0,66
	10	5,00	0,005319	343	0,33	0,46
10	30	2,67	0,004855	376	0,39	0,55
	25	3,20	0,004848	376	0,39	0,55
	20	4,00	0,004848	376	0,39	0,55
	15	5,33	0,004845	377	0,39	0,56
	10	8,00	0,007273	251	0,18	0,25
12,5	30	4,17	0,005137	355	0,44	0,62
	25	5,00	0,005128	356	0,44	0,62
	20	6,25	0,005128	356	0,44	0,62
	15	8,33	0,006408	285	0,28	0,40
	10	12,50	0,009615	190	0,13	0,19
16	30	6,67	0,005277	346	0,53	0,75
	25	8,00	0,005274	346	0,53	0,75
	20	10,00	0,006329	288	0,37	0,53
	15	13,33	0,008437	215	0,21	0,30
	10	20,00	0,012658	144	0,09	0,14
20	30	10,50	0,005526	330	0,61	0,86
	25	12,60	0,006632	275	0,42	0,60
	20	15,75	0,008289	220	0,27	0,39
	15	21,00	0,011053	165	0,15	0,23
	10	31,50	0,016573	110	0,07	0,11
25	30	16,67	0,007248	252	0,44	0,64
	25	20,00	0,008696	210	0,31	0,45
	20	25,00	0,010870	168	0,20	0,29
	15	33,33	0,014491	126	0,11	0,17
	10	50,00	0,021739	84	0,05	0,08

Tabela de armadura mínima de retração (fck = 20 MPa)						
Armadura			Cobrimento c = 3 cm			
ϕ (mm)	espaçamento (cm)	AS (cm^2)	pri	σs (MPa)	$wk1$ (mm)	$wk2$ (mm)
5	30	0,67	0,003829	577	0,77	1,07
	25	0,80	0,003810	580	0,77	1,08
	20	1,00	0,003810	580	0,77	1,08
	15	1,33	0,003800	582	0,78	1,08
	10	2,00	0,003810	580	0,77	1,08
6,3	30	1,05	0,004146	533	0,65	0,91
	25	1,26	0,004146	533	0,65	0,91
	20	1,58	0,004159	531	0,65	0,91
	15	2,10	0,004146	533	0,65	0,91
	10	3,15	0,004146	533	0,65	0,991
8	30	1,67	0,004441	498	0,57	0,80
	25	2,00	0,004433	499	0,57	0,80
	20	2,50	0,004433	499	0,57	0,80
	15	3,33	0,004428	499	0,57	0,80
	10	5,00	0,005319	416	0,40	0,56
10	30	2,67	0,004855	455	0,48	0,67
	25	3,20	0,004848	456	0,48	0,67
	20	4,00	0,004848	456	0,48	0,67
	15	5,33	0,004845	456	0,48	0,67
	10	8,00	0,007273	304	0,21	0,31
12,5	30	4,17	0,005137	430	0,43	0,75
	25	5,00	0,005128	431	0,43	0,75
	20	6,25	0,005128	431	0,43	0,75
	15	8,33	0,006408	345	0,27	0,49
	10	12,50	0,009615	230	0,12	0,22
16	30	6,67	0,005277	419	0,40	0,91
	25	8,00	0,005274	419	0,40	0,91
	20	10,00	0,006329	348	0,28	0,64
	15	13,33	0,008437	262	0,16	0,37
	10	20,00	0,012658	175	0,07	0,17
20	30	10,50	0,005526	400	0,37	1,04
	25	12,60	0,006632	333	0,26	0,73
	20	15,75	0,008289	287	0,16	0,48
	15	21,00	0,011053	200	0,09	0,28
	10	31,50	0,016573	133	0,04	0,13
25	30	16,67	0,007248	305	0,21	0,77
	25	20,00	0,008696	254	0,15	0,64
	20	25,00	0,010870	203	0,10	0,36
	15	33,33	0,014491	153	0,05	0,21
	10	50,00	0,021739	102	0,02	0,10

Tabela de armadura mínima de retração (fck = 25 MPa)						
Armadura			Cobrimento c = 3 cm			
ϕ (mm)	espaçamento (cm)	AS (cm^2)	pri	σs (MPa)	$wk1$ (mm)	$wk2$ (mm)
5	30	0,67	0,003829	670	0,89	1,24
	25	0,80	0,003810	673	0,90	1,25
	20	1,00	0,003810	673	0,90	1,25
	15	1,33	0,003800	675	0,90	1,25
	10	2,00	0,003810	673	0,90	1,25
6,3	30	1,05	0,004146	619	0,76	1,06
	25	1,26	0,004146	619	0,76	1,06
	20	1,58	0,004159	617	0,75	10,5
	15	2,10	0,004146	619	0,76	1,06
	10	3,15	0,004146	619	0,76	1,06
8	30	1,67	0,004441	578	0,66	0,92
	25	2,00	0,004433	579	0,66	0,93
	20	2,50	0,004433	579	0,66	0,93
	15	3,33	0,004428	579	0,66	0,93
	10	5,00	0,005319	482	0,46	0,65
10	30	2,67	0,004855	528	0,56	0,78
	25	3,20	0,004848	529	0,55	0,78
	20	4,00	0,004848	529	0,55	0,78
	15	5,33	0,004845	529	0,55	0,78
	10	8,00	0,007273	353	0,25	0,36
12,5	30	4,17	0,005137	499	0,49	0,87
	25	5,00	0,005128	500	0,50	0,87
	20	6,25	0,005128	500	0,50	0,87
	15	8,33	0,005408	400	0,32	0,57
	10	12,50	0,009615	267	0,14	0,26
16	30	6,67	0,005277	486	0,47	1,06
	25	8,00	0,005274	486	0,47	1,06
	20	10,00	0,006329	405	0,33	0,74
	15	13,33	0,008437	304	0,18	0,43
	10	20,00	0,012658	203	0,08	0,20
20	30	10,50	0,005526	464	0,43	1,21
	25	12,60	0,006632	387	0,30	0,85
	20	15,75	0,008269	309	0,19	0,55
	15	21,00	0,011053	232	0,11	0,32
	10	31,50	0,016573	155	0,05	0,15
25	30	16,67	0,007248	354	0,25	0,89
	25	20,00	0,008696	295	0,17	0,63
	20	25,00	0,010870	236	0,11	0,41
	15	33,33	0,014491	177	0,06	0,24
	10	50,00	0,021739	118	0,03	0,11

Tabela de armadura mínima de retração (fck = 30 MPa)						
Armadura			Cobrimento c = 3 cm			
ϕ (mm)	espaçamento (cm)	AS (cm^2)	pri	σs (MPa)	$wk1$ (mm)	$wk2$ (mm)
5	30	0,67	0,003829	757	1,00	1,40
	25	0,80	0,003810	760	1,01	1,41
	20	1,00	0,003810	760	1,01	1,41
	15	1,33	0,003800	762	1,02	1,42
	10	2,00	0,003810	760	1,01	1,41
6,3	30	1,05	0,004146	699	0,86	1,19
	25	1,26	0,004146	699	0,86	1,19
	20	1,58	0,004159	696	0,85	1,19
	15	2,10	0,004146	699	0,86	1,19
	10	3,15	0,004146	699	0,86	1,19
8	30	1,67	0,004441	652	0,75	1,04
	25	2,00	0,004433	653	0,75	1,05
	20	2,50	0,004433	653	0,75	1,05
	15	3,33	0,004428	554	0,75	1,05
	10	5,00	0,005319	545	0,52	0,73
10	30	2,67	0,004855	597	0,62	0,88
	25	3,20	0,004848	597	0,63	0,88
	20	4,00	0,004848	597	0,63	0,88
	15	5,33	0,004845	598	0,63	0,88
	10	8,00	0,007273	398	0,28	0,40
12,5	30	4,17	0,005137	564	0,56	0,98
	25	5,00	0,005128	565	0,56	0,99
	20	6,25	0,005128	565	0,56	0,99
	15	8,33	0,005408	452	0,36	0,64
	10	12,50	0,009615	301	0,16	0,29
16	30	6,67	0,005277	549	0,53	1,19
	25	8,00	0,005274	549	0,53	1,20
	20	10,00	0,006329	458	0,37	0,84
	15	13,33	0,008437	343	0,21	0,48
	10	20,00	0,012658	229	0,09	0,22
20	30	10,50	0,005526	524	0,48	1,36
	25	12,60	0,006632	437	0,33	0,96
	20	15,75	0,008269	349	0,21	0,62
	15	21,00	0,011053	262	0,12	0,36
	10	31,50	0,016573	175	0,05	0,17
25	30	16,67	0,007248	400	0,28	1,01
	25	20,00	0,008696	333	0,19	0,71
	20	25,00	0,010870	266	0,12	0,47
	15	33,33	0,014491	200	0,07	0,27
	10	50,00	0,021739	133	0,03	0,13

5.2 – CISALHAMENTO EM LAJES

Lajes sem armadura para força cortante

$$Vsd \leq VRd_1 \text{ (não é preciso armar a força cortante)}$$

onde a resistência de projeto ao cisalhamento é dada por

$$VRd_1 = (\tau rd \cdot k \cdot (1{,}2 + 40 \cdot \rho_1) + 0{,}15 \cdot \sigma_{cp}) \cdot bw \cdot d,$$

como $\sigma cp = 0$ (sem armadura de protensão) temos:

$$VRd_1 = (\tau rd \cdot k \cdot (1{,}2 + 40 \cdot \rho_1)) \cdot bw \cdot d$$

onde:

$$\tau rd = 0{,}25 fctd \qquad fctd = \frac{0{,}21 \cdot fck^{2/3}}{1{,}4}$$

$$\text{para} \begin{cases} fck = 20 \text{ MPa} \rightarrow \tau rd = 0{,}276 \text{ MPa} = 276 \text{ kPa} \\ fck = 25 \text{ MPa} \rightarrow \tau rd = 0{,}320 \text{ MPa} = 320 \text{ kPa} \\ fck = 30 \text{ MPa} \rightarrow \tau rd = 0{,}362 \text{ MPa} = 362 \text{ kPa} \end{cases}$$

$$k = |1{,}6 - d| \geq 1$$

$$\rho 1 = \frac{AS1}{bw \cdot d}$$

5.3 – LAJES-DIMENSIONAMENTO

Vimos nas seções anteriores como se calculam nas lajes os Momentos Fletores no meio do vão e nos apoios. São nesses locais, seja nas lajes isoladas ou conjugadas, seja nas lajes armadas em cruz, seja nas lajes armadas em uma só direção, que ocorrem os maiores Momentos Fletores positivos e os maiores Momentos Fletores negativos.

O processo de dimensionamento de lajes, que se mostrará a seguir, é válido indistintamente para qualquer dos casos, ou seja, dado um Momento Fletor máximo e fixada a espessura da laje, resulta a área de aço (armadura) necessária. Devem ser considerados como conhecidos o *fck* do concreto e o tipo de aço. *Avisamos que as tabelas, que vamos usar, já incorporam os coeficientes de minoração de resistência dos materiais e os coeficientes de majoração de cargas.*

Nesta seção estão anexas as Tabelas que se chamarão Tabelas T_A ao longo de toda a obra.

Vamos ao roteiro de cálculo. O caminho será sempre: conhecido o Momento Fletor, calcula-se o valor k_6 que vale:

$$k_6 = 10^5 \cdot \frac{b\,d^2}{M}$$

onde:

b = 1 cm (cálculo por metro)

d = distância da borda mais comprimida ao centro de gravidade da armadura (m)

M = Momento em kNm

M = (ou X) são valores calculados pela tabela de *Czerny* (lajes armadas em cruz) ou são os Momentos das lajes armadas em uma só direção

M = Momento Fletor positivo

X = Momento Fletor negativo

Seja M (ou X) = 1,8 kNm e seja d = 9,5 cm.

$$k_6 = 10^5 \times \frac{bd^2}{M} = 501{,}39$$

Como exemplo: seja o concreto f_{ck} = 20 MPa e seja o aço CA-50A. Dessa forma, entretanto, com o valor mais próximo k_6 = 501,39 temos como resposta o valor de k_3.

k_6	CA-25	CA-50	CA-60B
500	0,652	0,326	0,272

Temos agora conhecido k_3 = 0,326. A área de armadura por metro é calculada como:

$$A_s = \frac{k_3}{10} \cdot \frac{M}{d}$$

No nosso caso:

$$A_s = \frac{0{,}326}{10} \times \frac{1{,}8}{0{,}095} = 0{,}62\,\frac{\text{cm}^2}{\text{m}}$$

Façamos o mesmo exercício admitindo que o Momento vale M = 18 kNm e aço CA 25:

$$k_6 = \frac{10^5 \times bd^2}{M} \qquad \begin{cases} k_6 = 50{,}3 \\ k_3 = 0{,}742 \end{cases} \qquad f_{ck} = 20 \text{ MPa}$$

k_6 = 50,13

$$A_s = \frac{k_3}{10} \times \frac{M}{d} = A_s = \frac{0{,}742}{10} \times \frac{18}{0{,}095} = 14{,}06\ \frac{\text{cm}^2}{\text{m}}$$

Consultando a Tabela T_4 "Tabela de Armadura para lajes", conclui-se que podemos usar ø 16 mm c/14 ou ø 20 mm c/22.

Tabela de armadura para lajes								
Tabela T_4 – Área em cm²/m								
espaçamento (cm)	bitola da barra de aço em mm							
	5	6,3	8	10	12,5	16	20	25
7,5	3,33	4,19	6,66	10,66	16,66	26,66	41,99	66,66
8	2,50	3,93	6,25	10,00	15,62	25,00	39,37	62,50
9	2,22	3,5	5,55	8,88	13,88	22,22	35,00	55,55
10	2,00	3,15	5,00	8,00	12,50	20,00	31,50	50,00
11	1,82	2,86	4,54	7,27	11,36	18,18	28,63	45,45
12	1,67	2,62	4,16	6,66	10,41	16,66	26,25	41,66
12,5	1,60	2,52	4,00	6,40	10,00	16,00	25,20	40,00
13	1,54	2,42	3,84	6,15	9,61	15,38	24,23	38,46
14	1,43	2,25	3,57	5,71	8,92	14,28	22,50	35,71
15	1,33	2,10	3,33	5,33	8,33	13,33	21,00	33,33
16	1,25	1,96	3,12	5,00	7,81	12,50	19,68	31,25
17	1,18	1,85	2,94	4,70	7,35	11,76	18,52	29,41
17,5	1,14	1,80	2,85	4,57	7,14	11,42	18,00	28,57
18	1,11	1,75	2,77	4,44	6,94	11,11	17,50	27,77
19	1,05	1,65	2,63	4,21	6,57	10,52	16,57	26,31
20	1,00	1,57	2,50	4,00	6,25	10,00	15,75	25,00
21	0,95	1,50	2,38	3,80	5,95	9,52	15,00	23,80
22	0,91	1,43	2,27	3,63	5,68	9,09	14,31	22,72
23	0,87	1,36	2,17	3,47	5,43	8,69	13,69	21,73
24	0,83	1,31	2,08	3,33	5,20	8,33	13,12	20,83
25	0,80	1,26	2,00	3,20	5,00	8,00	12,60	20,00
26	0,77	1,21	1,92	3,07	4,80	7,69	12,11	19,23
27	0,74	1,16	1,85	2,96	4,62	7,40	11,66	18,51
28	0,71	1,12	1,78	2,85	4,46	7,14	11,25	17,85
29	0,69	1,08	1,72	2,75	4,31	5,89	10,86	17,24
30	0,67	1,05	1,66	2,66	4,16	6,66	10,50	16,66

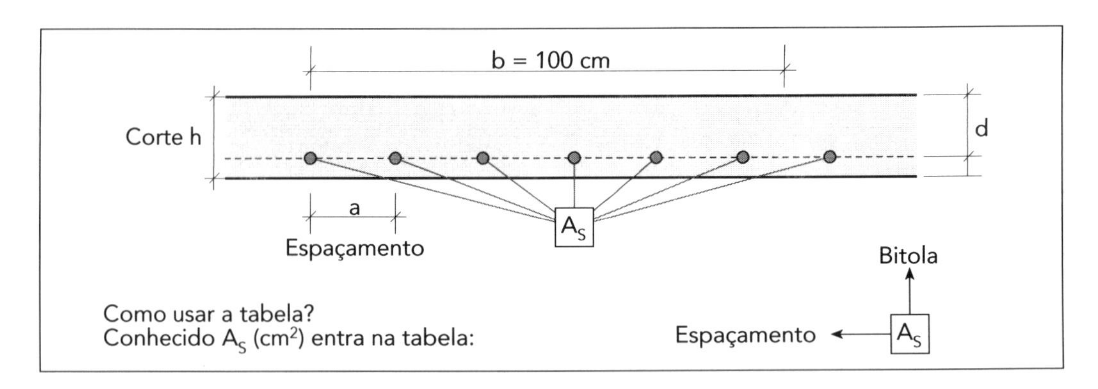

Cobrimento da armadura

Agressividade do ambiente (NBR 6118 – 2003):

Uma das mais importantes contribuições da NBR 6118 - 2003 está relacionada com a proteção da armadura pelo cobrimento do concreto, tendo em vista aumentar a vida útil (durabilidade) das estruturas de concreto armado.

Tabela 6, NBR 6118

Classe de agressividade	Agressividade	Tipo de ambiente	Risco de deterioração
I	Fraca	Rural	Insignificante
		Submerso	
II	Moderada	Urbano	Pequeno
III	Forte	Marinho	Grande
		Industrial	
IV	Muito forte	Industrial quimicamente agressivo	Elevado
		Respingos de maré	

Qualidade do concreto: Item 7, Tabela T1, NBR 6118

Classes de agressividade					
Concreto	Tipo	I	II	III	IV
FatorA/C	CA	≤ 0,65	0,6	0,55	≤ 0,45
Classe de concreto (resistência f_{ck} em MPa)	CA	≥ 20	25	30	≥ 40

A/C = Água / cimento — CA = Concreto armado

Cobrimentos nominais mínimos:

$$C_{nom} \geq \begin{cases} \text{ø barra} \\ 1{,}2 \text{ ø máx. agreg.} \end{cases}$$

Cobrimento mínimo (mm)

Classes de agressividade				
	I	II	III	IV
Lajes	20	25	35	45
Vigas/pilares	25	30	40	50

Abertura máxima de fissuras (w) para CA (concreto armado):

Classe agressividade	W(mm)
I	0,4
II a IV	0,3

Armadura mínima de laje à flexão: (principal)

$$A_{S\,mín} = \rho_{mín}\, bw \cdot h$$

fck (MPa)	20	25	30
$r_{mín}$ (%)	0,15	0,15	0,17

Armadura secundária:

$$A_S \geq \begin{cases} 0{,}20\, A_S \text{ principal} \\ 0{,}9 \text{ cm}^2\text{/m} \end{cases}$$

5.4 – DIMENSIONAMENTO DE VIGAS À FLEXÃO

Daremos, agora, a metodologia para o cálculo de vigas simplesmente armadas, no que diz respeito à armadura que resiste à flexão. Esta seção é uma cópia, uma repetição sem novidades, da seção de dimensionamento de lajes. (Lembremos que as lajes, depois de conhecidos os momentos no centro dos vãos e nos apoios, são calculadas como se fossem vigas de um metro de largura).

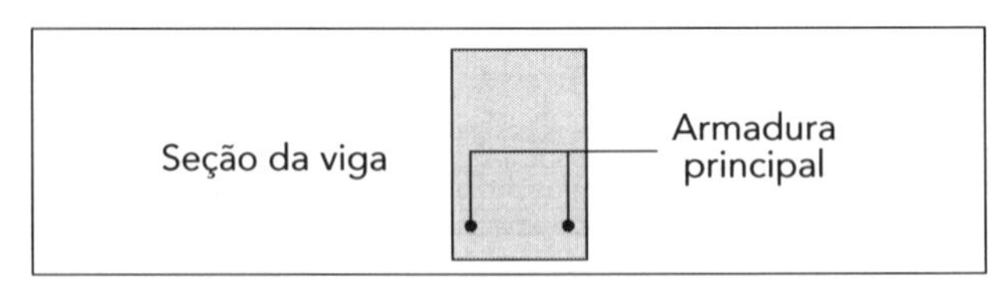

Em vez de explicar com exemplos teóricos, vamos dar exemplos práticos e depois analisaremos os resultados.

1.º Exemplo: Dimensionar uma viga de 20 cm de largura, apta a receber um momento de 120 kNm para um concreto f_{ck} = 20 MPa e aço CA-50A.

- 1.º passo — Fixemos uma altura para essa viga. O iniciante poderá fixar uma altura excessiva ou insuficiente, mas a própria tabela o conduzirá até uma altura adequada;
- Fixemos $d = 57$;
- b_w = largura da viga;
- d = altura da viga sem considerar o cobrimento de armadura.

$$k_6 = 10^5 \cdot \frac{b_w \cdot d}{M} \qquad As = \frac{k_3}{10} \cdot \frac{M}{d}$$

Unidades kN e m

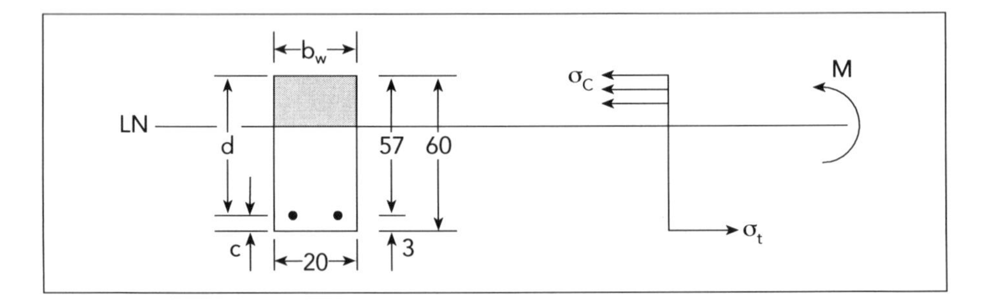

Calcularemos inicialmente o coeficiente k_6 que vale:

$$k6 = 10^5 \cdot \frac{bw \cdot d^2}{M} \qquad k6 = \frac{0,2 \times 0,57^2 \times 10^5}{120} = 54,15$$

Para entrar na tabela, respeitar as unidades Tabela A, item 18.3.1

Chamamos a atenção para o uso da Tabela A, onde as dimensões devem ser calculadas em metros e o momento em kNm (k_6 = 54,15).

Procuremos agora na Tabela A, com f_{ck} = 20 MPa e CA-50, qual o coeficiente denominado k_3 que corresponde a k_6 = 54,15.

$$\xrightarrow{\text{entrada}} \quad \begin{array}{cc} \hline k_6 & \text{CA-50A} \\ 54{,}15 & 0{,}368 \\ \hline \end{array} \quad \Rightarrow k_3 = 0{,}368$$

A área do aço será agora calculada diretamente por meio da fórmula:

$$A_S = \frac{k_3}{10}\frac{M}{d} \qquad\qquad A_S = \frac{0{,}368}{10} \times \frac{120}{0{,}57} = 7{,}74 \text{ cm}^2$$

Conclusão: Temos de colocar aí um número de barras de aço que tenham 7,83 cm^2 de área. Escolhamos 4 ø 16 mm (Consultar a Tabela Mãe).

Tabela mãe (métrica)

Diâmetro Ø (mm)	Peso linear (kgf/cm)	Perímetro (cm)	Áreas das seções das barras A, (cm^2)									
			1	2	3	4	5	6	7	8	9	10
3,2	0,063	1,0	0,080	0,160	0,24	0,32	0,40	0,48	0,56	0,64	0,72	0,80
4	0,100	1,25	0,125	0,25	0,375	0,50	0,625	0,75	0,875	1,00	1,125	1,25
5	0,160	1,60	0,200	0,40	0,60	0,80	1,00	1,20	1,40	1,60	1,80	2,00
6,3	0,200	2,00	0,315	0,63	0,945	1,26	1,575	1,89	2,205	2,52	2,835	3,15
8	0,250	2,50	0,50	1,00	1,50	2,00	2,50	3,00	3,50	4,00	4,50	5,00
10	0,400	3,15	0,80	1,60	2,40	3,20	4,00	4,80	5,60	6,40	7,20	8,00
12,5	1,000	4,00	1,25	2,50	3,75	5,00	6,25	7,50	8,75	10,00	11,25	12,50
16	1,600	5,00	2,00	4,00	6,00	8,00	10,00	12,00	14,00	16,00	18,00	20,00
20	2,500	6,30	3,15	6,30	9,45	12,60	15,75	18,90	22,05	25,20	28,35	31,50
25	4,000	8,00	5,00	10,00	15,00	20,00	25,00	30,00	35,00	40,00	45,00	50,00
32	6,300	10,00	8,00	16,00	24,00	32,00	40,00	48,00	56,00	64,00	72,00	80,00
40	10,000	12,50	12,50	25,00	37,50	50,00	62,50	75,00	87,50	100,00	112,50	125,00

Para esse caso, não é obrigatório saber-se onde está a linha neutra, mas a tabela nos dá essa posição, pois para o mesmo código de entrada k_6 = 54,15 resulta:

$$\varepsilon = \frac{x}{d} = 0{,}31$$

$$x = d \cdot 0{,}31 = 57 \times 0{,}31 = 17{,}67 \text{ cm} = 0{,}1767 \text{ m}$$

A solução completa da viga é:

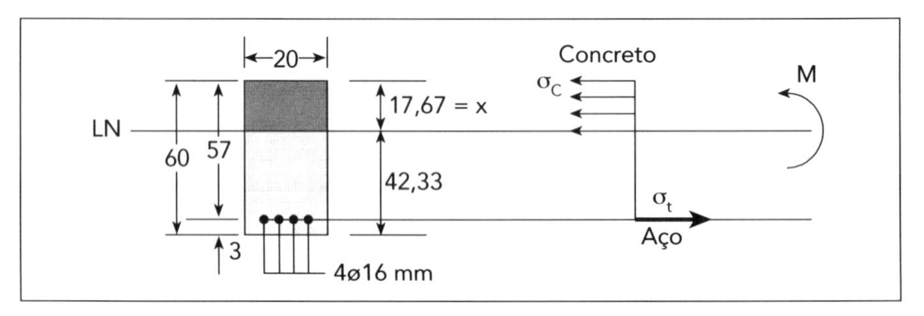

A viga está dimensionada para o Momento Fletor.

Se não houver problema de alojamento do aço, a área de 7,74 cm^2 poderia, sem problemas, ser substituída por 3 ø 20 mm.

Notar que a linha neutra está sempre mais próxima da borda superior do que da inferior. A causa disso é a presença de um material estranho (aço), numa seção de concreto. Como o E_s (Módulo de Elasticidade do aço) é muito maior do que E_c e não se considera a resistência do concreto à tração, isso tende a jogar a LN para cima. Nas nossas seções de Resistência dos Materiais, onde vimos exercícios usando materiais homogêneos (madeira, concreto simples), a LN coincidia com o eixo geométrico (a linha neutra fica a igual distância das bordas). No concreto armado, a LN, em geral, afasta-se do aço.

Como seria o problema se o concreto fosse f_{ck} = 30 MPa?

O k_6 não muda, já que é uma característica geométrica da seção (b_w, d) e do Momento. Varia agora o k_3 que valerá 0,35.

A área do aço será (olhar na Tabela A, parte direita):

$$A_s = \frac{0{,}35}{10} \times \frac{120}{0{,}57} = 7{,}37 \text{ cm}^2$$

Calculemos:

$$\varepsilon = 0{,}20 \Rightarrow \varepsilon = \frac{x}{d} \Rightarrow 0{,}2 = \frac{x}{d} \Rightarrow x = 0{,}20 \cdot d \Rightarrow x = 0{,}2 \times 57 = 11{,}4 \text{ cm}$$

Onde: x = 24,5 cm.

A nova situação de viga será:

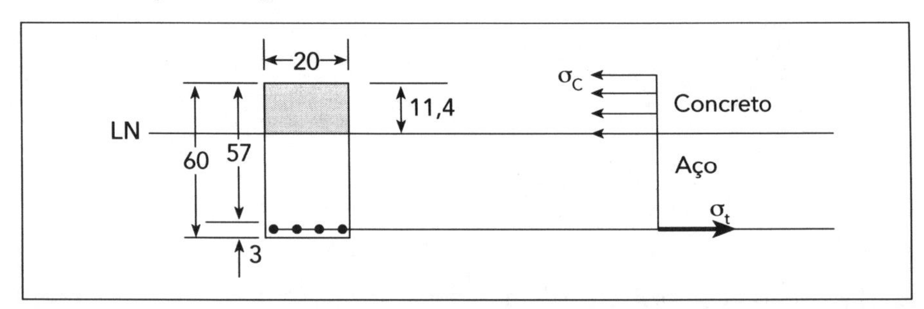

A conclusão a que se chega é de que o uso do concreto de maior qualidade (f_{ck}=30 MPa) leva a um menor consumo de aço que, no caso específico, é desprezível, mas a conclusão não.

A linha neutra subiu de posição, indicando que menos seção de concreto terá de resistir ao Momento Fletor. Por que menos seção de concreto? Exatamente porque o concreto agora é mais forte, teremos de usar menos aço, a viga terá uma menor parte comprimida que o outro caso. Se fizéssemos o cálculo com menor f_{ck}, mantendo o momento e as dimensões das vigas, veríamos que mais aço seria necessário e a linha neutra ficaria mais baixa.

2.º Exemplo:

Dimensionar uma viga de 25 cm de largura, apta a receber um momento de 110 kNm para um f_{ck} = 25 MPa e aço CA-50.

Estabelecemos a altura da viga em 50 cm.

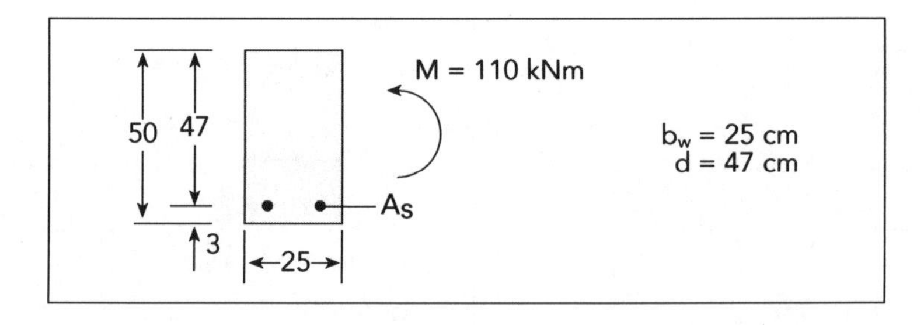

A rotina é sempre a mesma

$$k_6 = 10^5 \cdot \frac{bw \cdot d^2}{M} \qquad k_6 \frac{0,25 \times 0,47^2 \times 10^5}{110} = 50,2$$

Procurando na Tabela A, f_{ck} = 25 MPa e aço CA-50 com k_6 = 50, temos k_3 = 0,359. O cálculo de A_s será:

$$A_s = \frac{k_3}{10} \cdot \frac{M}{d} = \frac{0,359}{10} \times \frac{110}{0,47} = 8,4 \text{ cm}^2 \xrightarrow{\text{Tabela Mãe}} 5\ ø\ 16 \text{ mm}$$

3.º Exemplo:

Vamos comparar, agora, o caso de dois aços, de qualidade bem diferente, ou seja, vamos no mesmo caso usar aço CA-25 (o mais fraquinho) e o CA-60B (o mais fortinho) aplicados à mesma viga e ao mesmo momento.

Assim, dados uma viga de 20 × 50 cm e um Momento Fletor de 60 kNm, calcularemos as áreas de ferragens (f_{ck} = 20 MPa).

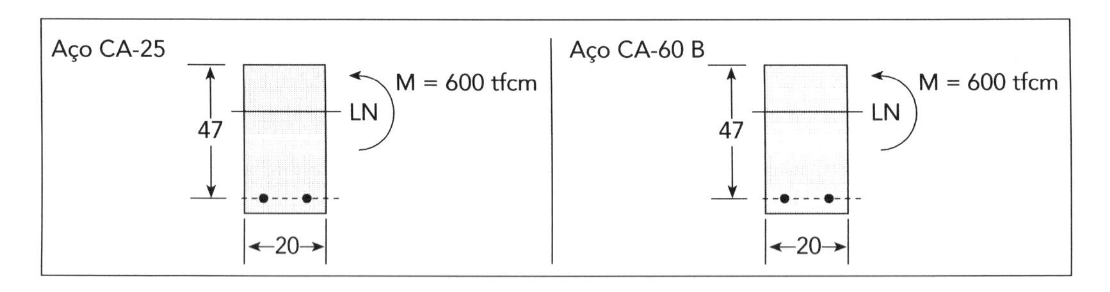

Até aqui tudo igual. Calcularemos, agora, o k_3, à esquerda para aço CA-25 e à direita para CA-60.

CA-25	CA-60
Da Tabela A k_3 = 0,706 A área da armadura, nesse caso, será: $A_s = \frac{0,706}{10} \times \frac{60}{0,47} = 9,01 \text{ cm}^2$ Escolhemos 3 ø 20 mm	Da Tabela A k_3 = 0,294 A área da armadura, nesse caso, será: $A_s = \frac{0,294}{10} \times \frac{60}{0,47} = 3,75 \text{ cm}^2$ Escolhemos 3 ø 12,5 mm

Conclusão (lógica): Quando usamos aço melhor (CA-60B), usa-se menos aço do que se usar aço inferior (CA-25).

E a posição de linha neutra?

Da mesma tabela tiram-se os resultados (o código de entrada é k_6)

$\varepsilon_{CA\text{-}25} = 0{,}21$ | $\varepsilon_{CA\text{-}60B} = 0{,}21$

Conclusão: A posição da linha neutra não se altera, ou seja, a posição da linha neutra já estava definida com k_6 e este é definido só com as características do Momento Fletor e da seção geométrica.

Dimensionamento de vigas duplamente armadas

Iniciamos esta seção com o seguinte problema:

- Dimensionar a seção de uma viga de 20 × 60 cm, sujeita a um Momento Fletor de 200 kNm. Aço CA-50A e $f_{ck} = 20$ MPa.

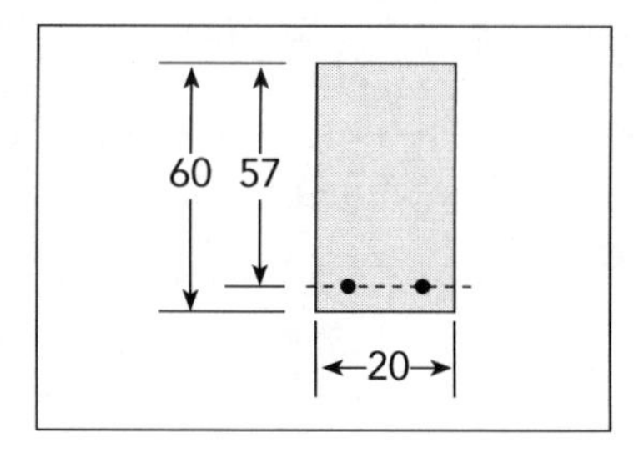

$$k_6 = 10^5 \times \frac{bw \cdot d^2}{M}$$

$$k_6 = 10^5 \times \frac{0{,}2 \times 0{,}57^2}{200} = 32{,}49$$

Ao procurarmos o coeficiente k_6 na Tabela A, não encontramos o k_3 correspondente, pois o menor valor de k_6 com existência de k_3 é 36. O que isso quer dizer? Quer dizer que a armadura simples não poderá resistir a esse Momento Fletor. Uma solução para vencer o problema é aumentar a altura. Passemos a altura para 80 cm.

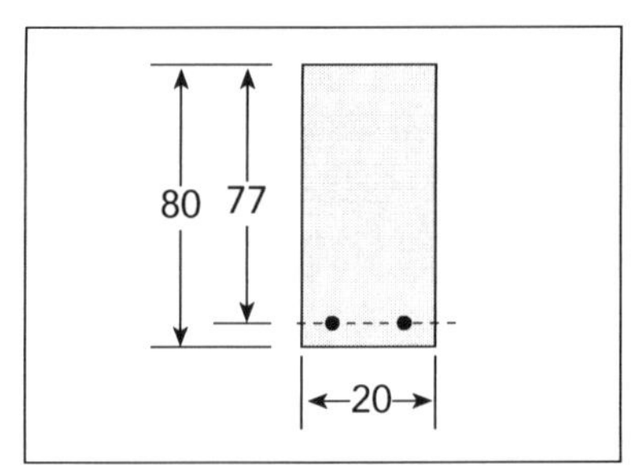

$$k_6 = 10^5 \times \frac{bw \times d^2}{M}$$

$$k_6 = 10^5 \times \frac{0,20 \times 0,77^2}{200} = 59,29$$

Pronto, nesse caso já existe o k_3 e poderíamos dimensionar nossa viga. Sucede que, nesse momento arquitetônico (sempre os arquitetos), não podemos alterar a seção da nossa viga, que deve ser de 20 × 60 cm.

Como fazer? A seção 20 × 60 cm, com armadura simples, não dá. Uma ideia é enriquecer a viga, ou seja, colocar em cima e embaixo um material mais nobre que o concreto, ou seja, colocar o aço.

Como calcular esse aço adicional, ou seja, como calcular essa viga? É o que veremos daqui por diante.

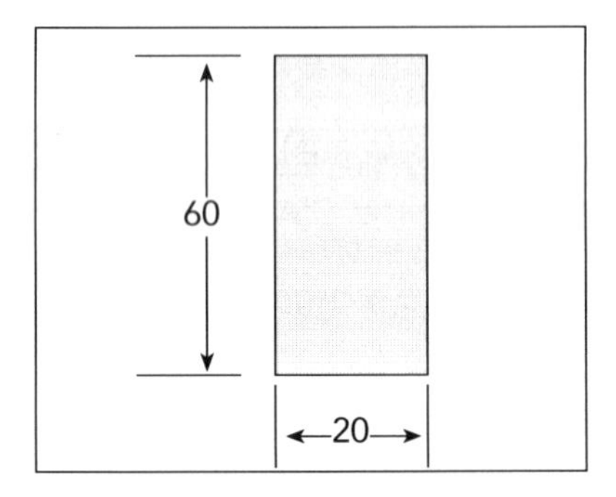

Primeiramente, verifiquemos o k_6 limite para esse concreto e aço.

O k_6 limite é 36, ou seja, até um certo Momento Fletor, a viga poderia ser simplesmente armada. A fórmula do k_6 é:

$$k_6 = \frac{b_w \cdot d^2 \cdot 10^5}{M}$$

O momento limite que resulta de $k_{6_{lim}} = 36$ é:

$$M_{\ell_{lim}} = \frac{b_w \cdot d^2 \cdot 10^5}{k_{6_{lim}}} \Rightarrow M_{\ell_{lim}} = \frac{0,2 \times 0,57^2 \times 10^5}{36} = 180,5$$

Esse é o maior momento a que uma seção simplesmente armada pode resistir. O valor de ξ é 0,5. (ver Tabela A).

Temos um momento, que atua na seção que vale 200 kNm, e o momento limite da seção simplesmente armada é M = 180,5 kNm. Temos pois uma diferença de momentos que a seção simplesmente armada não pode absorver, que é ΔM = 200 – 180,5 = 19,5 kNm.

A armadura inferior total (A_s) é calculada pela fórmula:

$$A_s = \frac{k_{3_{lim}}}{10} \cdot \frac{M_{\ell_{lim}}}{d} + \frac{k_7}{10} \cdot \frac{\Delta M}{d}$$

No nosso caso:

$$A_s = \frac{0,403}{10} \times \frac{180,5}{0,57} + \frac{0,358}{10} \times \frac{19,5}{0,57} = 13,99 \text{ cm}^2$$

A área de aço, de 13,99 cm^2, é a área de aço para colocar na parte inferior da viga - armadura tracionada (ver Tabela Mãe = 3Ø25 mm).

A armadura superior será calculada pela fórmula:

$$A'_s = \frac{0,358}{10} \times \frac{19,5}{0,57} = 1,22 \text{ cm}^2$$

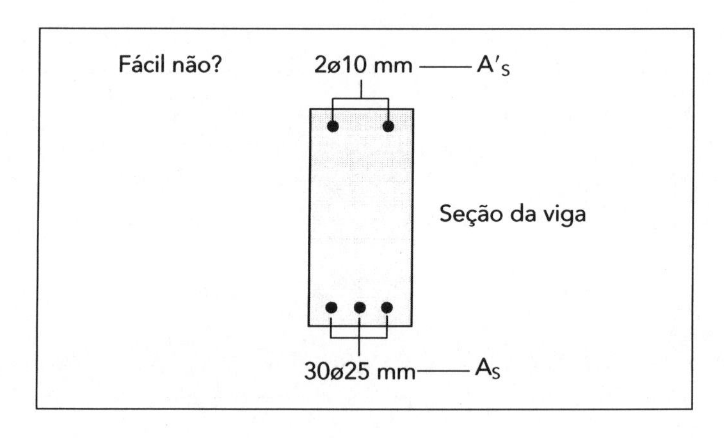

DIMENSIONAMENTO DE VIGAS *T* SIMPLESMENTE ARMADAS

Seja a viga T a seguir:

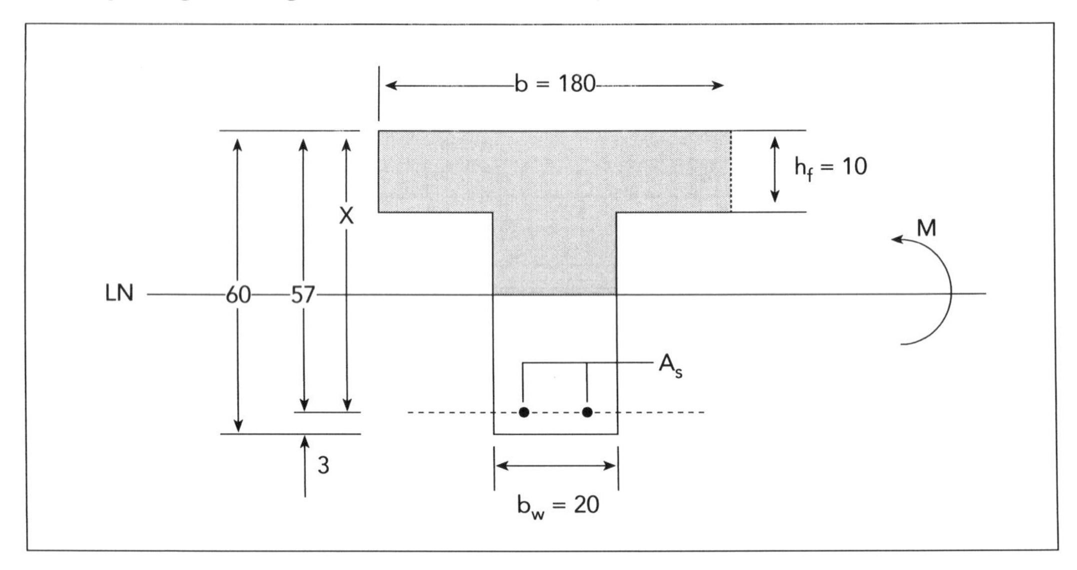

Na seção T, é fundamental saber-se onde está a linha neutra.

Se esta cortar a mesa, a viga não é viga T e sim uma viga de seção retangular, já que, acima dela, temos uma seção retangular de concreto trabalhando à compressão, abaixo dela temos uma seção de concreto, que não é levada em conta. Vejamos os esquemas:

1.º Caso: Essa não é uma viga T e sim uma viga retangular, pois:

$$x < h_f$$

$$\xi = \frac{x}{d} < \xi_f = \frac{h_f}{d}$$

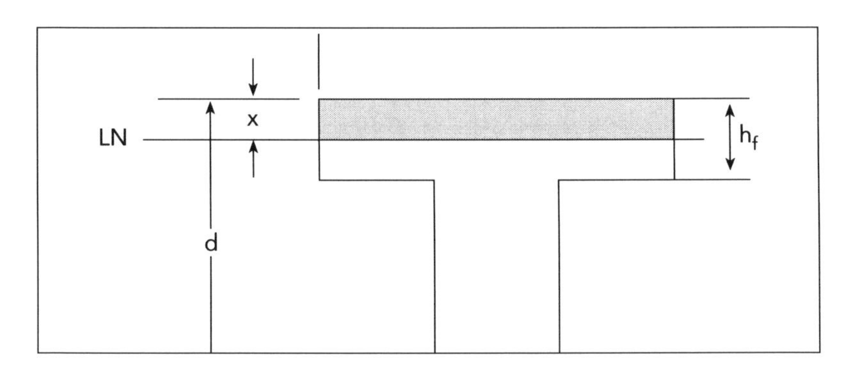

Seja, agora, uma outra viga T com LN passando bem mais baixo (não cortando a mesa) e que se mostra a seguir:

2.º Caso: Esta é uma viga T de verdade, pois $x > h_f$. A condição da viga T é:

$$\xi = \frac{x}{d} \geq \xi_f = \frac{h_f}{d}$$

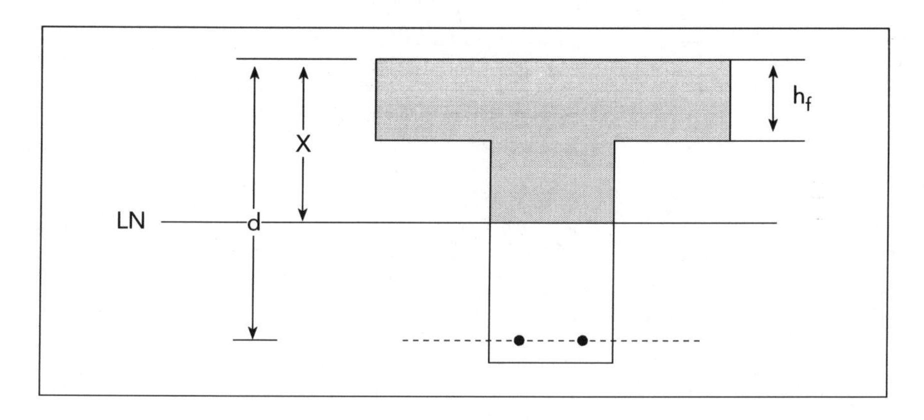

Voltemos ao exemplo numérico do início desta aula.

Calculemos inicialmente

$$\xi_f = \frac{h_f}{d} = \frac{10}{57} = 0{,}175$$

Calculemos agora a quantidade

$$k_6 = \frac{b \cdot d^2 \cdot 10^5}{M} = \frac{1{,}8 \times 0{,}57^2 \times 10^5}{120} = 487$$

Calculemos a quantidade de k_6, como se a viga fosse retangular e vejamos o ξ correspondente. Pela Tabela A para o aço CA-50A e f_{ck} = 20 MPa.

$$\xi = 0{,}03 \qquad \text{e} \qquad \xi f = 0,\ 175 > \xi$$

Conclusão: Estamos no caso de a linha neutra cortar a mesa e, portanto, não estamos na condição de viga T (estamos no 1.º caso), viga retangular (180 × 60).

Roteiro de cálculo de flexão simples

A norma NBR 6118/2003 não alterou o cálculo de flexão simples, ficando desta forma com os mesmos critérios da norma anterior. Apenas modificou a resistência do concreto, que agora, no mínimo, é de f_{ck} = 20 MPa.

Para analisarmos melhor, faremos dois exemplos de aplicação do método, um de viga de seção retangular e outro de viga T, com f_{ck} = 20 MPa.

Com relação às taxas mínimas de armadura, a NBR 6118/2003 indica:

Taxas mínimas de armadura de flexão		
Armadura mínima de flexão	$\rho_{mín}$ (%) CA-50	
	fck = 20	*fck* = 25
Retangular	0,15	0,15
T (mesa comprimida)	0,15	0,15
T (mesa tracionada)	0,15	0,15
Circular	0,23	0,288

fck (MPa)

Nas vigas T, a área da seção transversal a ser considerada deve ser considerada pela alma, acrescida da mesa *colaborante*.

Armadura de pele (somente para altura maior que 60 cm)

$A_{s\ pele}$ = 0,10% $A_{c\ alma}$ em cada face e com espaçamento $s \leq 20$ cm entre barras de alta aderência.

Roteiro para o cálculo de vigas retangulares

Armadura simples

$$k_6 = \frac{b_w \cdot d^2 \cdot 10^5}{M} \Rightarrow \text{Tabela A} \Rightarrow k_3$$

$$\boxed{A_s = \frac{k_3}{10} \cdot \frac{M}{d}}$$

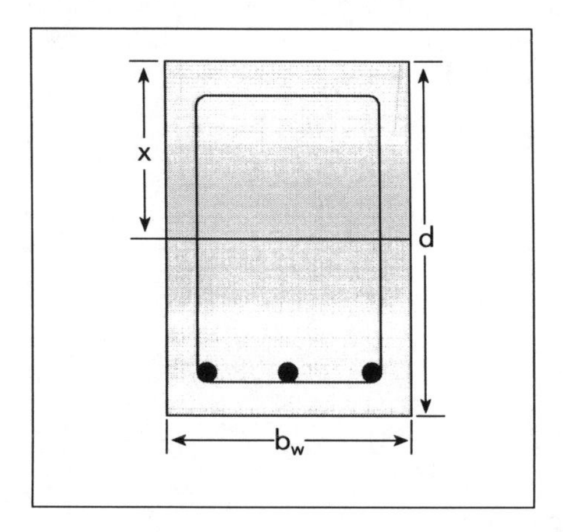

M = momento de serviço (sem majorar)

Armadura dupla

$$k_6 = \frac{b_w \cdot d^2 \cdot 10^5}{M} \Rightarrow k_6 \le k_{6_{\text{lim}}}$$

$$M_{\text{lim}} = \frac{b_w \cdot d^2 \cdot 10^5}{k_{6_{\text{lim}}}}$$

$$A_s = \frac{k_{3_{\text{lim}}}}{10} \cdot \frac{M_{\ell_{\text{lim}}}}{d} + \frac{k_7}{10} \cdot \frac{\Delta M}{d} \qquad A'_s = \frac{k_7}{10} \cdot \frac{\Delta M}{d}$$

A entrada na Tabela B, que dá k_7 e k_3, é por ξ.

Seção T, com armadura simples

$$k_6 = \frac{b_w \cdot d^2 \cdot 10^5}{M} \Rightarrow \text{Tabela} \Rightarrow 0{,}8\xi \leq \xi_f \quad \text{seção retangular} \qquad \text{onde } \boxed{\xi_f = \frac{h_f}{d}}$$

$$k_3 \Rightarrow \boxed{A_s = \frac{k_3}{10} \cdot \frac{M}{d}}$$

$$k_6 = \frac{b_w \cdot d^2 \cdot 10^5}{M} \Rightarrow \text{Tabela} \Rightarrow 0{,}8\xi > \xi_f \quad \text{T}\begin{cases}\text{Não é real e só serviu para} \\ \text{definir o dimensionamento} \\ \text{como seção T}\end{cases}$$

$$\xi = \frac{\xi_f}{8} \Rightarrow \text{Tabela} \Rightarrow k_{6_f}, k_{3_f} \Rightarrow M_f = \frac{(b - b_w) \cdot d^2 \cdot 10^5}{k_{6_f}}$$

$$M_w = M - M_f \Rightarrow k_6 = \frac{b_w \cdot d^2 \cdot 10^5}{M_w} \Rightarrow \text{Tabela} \Rightarrow k_6 < k_{6_{\text{lim}}}, k_3$$

$$\boxed{A_s = \frac{k_3}{10} \cdot \frac{M_w}{d} + \frac{k_{3_f}}{10} \cdot \frac{M_f}{d}}$$

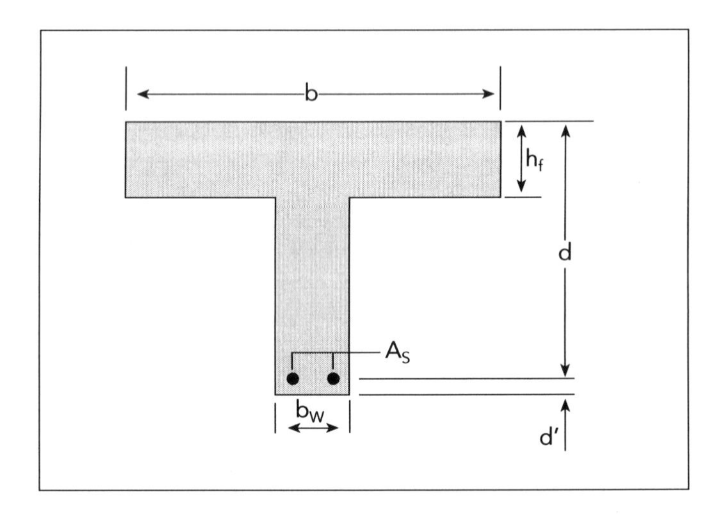

Largura colaborante de vigas de seção T

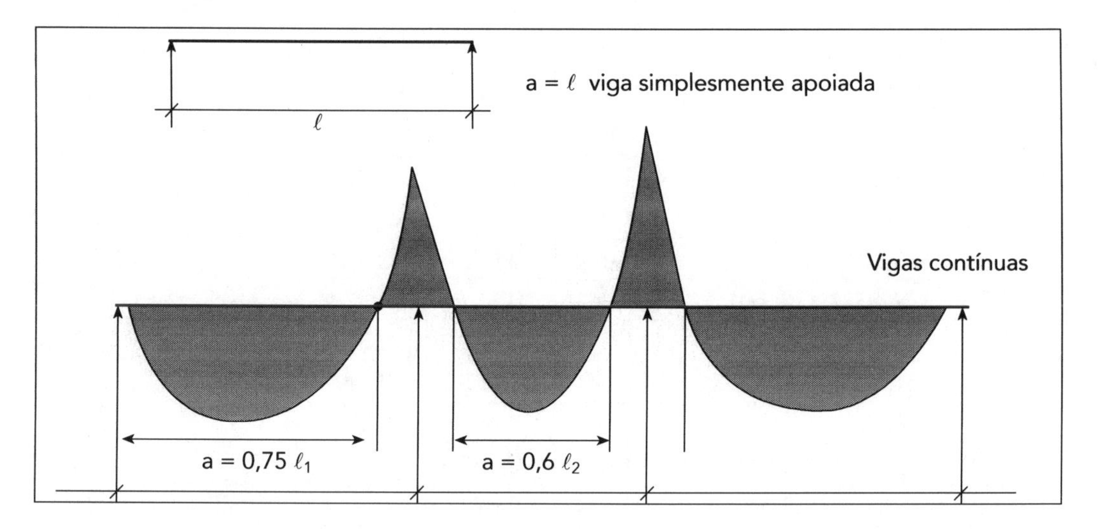

onde

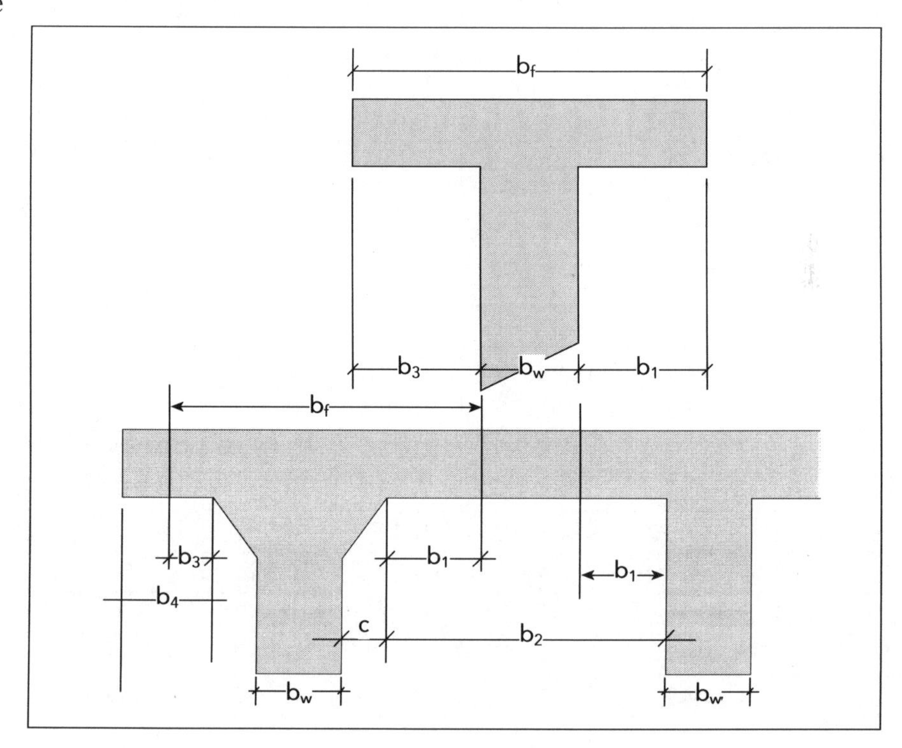

onde

$$\begin{cases} b_1 \le 0{,}5 \cdot b_2 & b_1 \le 0{,}1 \cdot a \\ b_3 \le b_4 & b_3 \le 0{,}1 \cdot a \end{cases}$$

Tabela A							
$\xi = x/d$	Valores de k_6 para concreto de *fck* (MPa)			k_3			
	20	25	30	CA-25	CA-50A	CA-50B	CA-60B
0,01	1.447,0	1.158,0	965,0	0,647	0,323	0,323	0,269
0,02	726,0	581,0	484,0	0,649	0,325	0,325	0,271
0,03	486,0	389,0	324,0	0,652	0,326	0,326	0,272
0,04	366,0	293,0	244,0	0,655	0,327	0,327	0,273
0,05	294,0	235,0	196,0	0,657	0,329	0,329	0,274
0,06	246,0	197,0	164,0	0,660	0,330	0,330	0,275
0,07	212,0	169,0	141,0	0,663	0,331	0,331	0,276
0,08	186,0	149,0	124,0	0,665	0,333	0,333	0,277
0,09	166,0	133,0	111,0	0,668	0,334	0,334	0,278
0,10	150,0	120,0	100,1	0,671	0,335	0,335	0,280
0,11	137,0	110,0	91,4	0,674	0,337	0,337	0,281
0,12	126,0	100,9	84,1	0,677	0,338	0,338	0,282
0,13	117,0	93,6	78,0	0,679	0,340	0,340	0,283
0,14	109,0	87,2	72,7	0,682	0,341	0,341	0,284
0,15	102,2	81,8	68,1	0,685	0,343	0,343	0,285
0,16	96,2	77,0	64,2	0,688	0,344	0,344	0,287
0,167	92,5	74,0	61,7	0,690	0,345	0,345	0,288
0,17	91,0	72,8	60,6	0,691	0,346	0,3446	0,288
0,18	86,3	69,0	57,5	0,694	0,347	0,347	0,289
0,19	82,1	65,7	54,7	0,697	0,349	0,349	0,290
0,20	78,3	62,7	52,2	0,700	0,350	0,350	0,292
0,21	74,9	59,9	49,9	0,703	0,352	0,352	0,293
0,22	71,8	57,5	47,9	0,706	0,353	0,353	0,294
0,23	69,0	55,2	46,0	0,709	0,355	0,355	0,296
0,24	66,4	53,1	44,3	0,713	0,356	0,356	0,297
0,25	64,1	51,2	42,7	0,716	0,358	0,358	0,298
0,259	62,1	49,7	41,4	0,719	0,359	0,359	0,299
0,26	61,9	49,5	41,2	0,719	0,359	0,359	0,300
0,27	59,8	47,9	39,9	0,722	0,361	0,361	0,301
0,28	58,0	46,4	38,6	0,725	0,363	0,363	0,302
0,29	56,2	45,0	37,5	0,729	0,364	0,364	0,304
0,30	54,6	43,7	36,4	0,732	0,366	0,366	0,305
0,31	53,1	42,5	35,4	0,735	0,368	0,368	0,306

Tabela A (continuação)

$\xi = x/d$	Valores de k_6 para concreto de fck (MPa)			k_3			
	20	25	30	CA-25	CA-50A	CA-50B	CA-60B
0,32	51,6	41,3	34,4	0,739	0,369	0,369	0,308
0,33	50,3	40,3	33,5	0,742	0,371	0,371	0,309
0,34	49,1	39,2	32,7	0,746	0,373	0,373	0,311
0,35	47,9	38,3	31,9	0,749	0,374	0,374	0,312
0,36	46,8	37,4	31,2	0,752	0,376	0,376	0,313
0,37	45,7	36,6	30,5	0,756	0,378	0,378	0,315
0,38	44,7	35,8	29,8	0,760	0,380	0,380	0,316
0,39	43,8	35,0	29,2	0,763	0,382	0,382	0,318
0,40	42,9	34,3	28,6	0,767	0,383	0,383	0,319
0,41	42,0	33,6	28,0	0,770	0,385	0,385	0,321
0,42	41,2	33,0	27,5	0,774	0,387	0,387	0,323
0,43	40,5	32,4	27,0	0,778	0,389	0,389	0,324
0,44	39,8	31,8	26,5	0,782	0,391	0,391	0,326
0,442	39,6	31,7	26,4	0,782	0,391	0,391	0,327
0,45	39,1	31,2	26,0	0,786	0,393	0,393	
0,46	38,4	30,7	25,6	0,789	0,395	0,395	
0,469	37,8	30,3	25,2	0,793	0,396		
0,47	37,8	30,2	25,2	0,793	0,397	Unidades: Mk = kNm; bw = m; d = m	
0,48	37,2	29,7	24,8	0,797	0,399		
0,49	36,6	29,3	24,4	0,801	0,401		
0,50	36,6	28,8	24,0	0,805	0,403		

Aço	Valores de k_7 e k_8					
	f_{ck} = 20 MPa		f_{ck} = 25 MPa		f_{ck} = 30 MPa	
	k_7	k_8	k_7	k_8	k_7	k_8
CA-25	0,716	0,716	0,716	0,716	0,716	0,716
CA-50A	0,358	0,358	0,358	0,358	0,358	0,358
CA-50B	0,358	0,440	0,358	0,440	0,358	0,440
CA-60B	0,302	0,403	0,302	0,403	0,302	0,403

Seja um outro caso da mesma estrutura, trabalhando agora, com M = 900 kNm. Sabemos que, quando aumenta o Momento, a LN abaixa, para que mais seção de concreto trabalhe a compressão. Verifiquemos, pois, se agora a LN deixou de cortar a mesa: f_{ck} = 20 MPa – Aço CA0-50.

$$k_6 = \frac{b \cdot d^2 \cdot 10^5}{M} = k_6 = \frac{1,8 \times 0,57^2 \times 10^5}{900} = 64,98 \quad \xi = 0,25 \quad \xi_f = \frac{10}{57} = 0,175 \quad 0,8\xi = 0,8 \times 0,25 = 0,20$$

0,8 $\xi > \xi_f \Rightarrow$ estamos na condição de viga T (2.º caso).

Observamos que o cálculo de ξ, supondo a viga retangular, só serviu para verificar se a viga funciona como retangular ou não. Daqui por diante, passaremos ao dimensionamento.

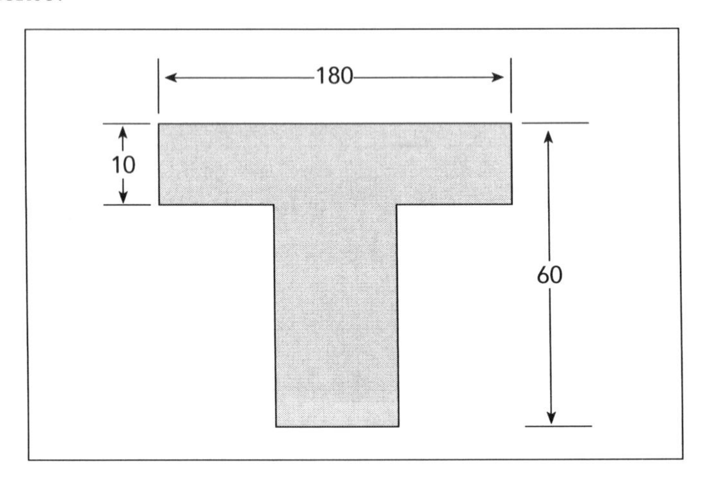

1.º Passo:

Cálculo de ξ. Por razões teóricas, adotaremos: $\xi = \xi_f/0,8$.

$$\xi = \frac{\xi_f}{0,8} \quad \begin{pmatrix}\text{diagrama retangular} \\ \text{no concreto}\end{pmatrix} \qquad \xi = \frac{\xi_f}{0,8} = \frac{0,175}{0,8} = 0,219$$

com $\xi = 0,219 \rightarrow$ Tabela A $\rightarrow k_6 = 71,8$.

Entrando com ξ na tabela A, resulta $k_{6_f} = 71,8$ e $k_{3_f} = 0,353$.

$$k_{6_f} = \frac{(b - b_w) \cdot d^2 \cdot 10^5}{M_f} \Rightarrow M_f = \frac{(b - b_w) \cdot d^2 \cdot 10^5}{k_{6_f}} = \frac{(1,8 - 0,2) \times 0,57^2 \times 10^5}{71,8} = 724 \text{ kNm}$$

Sendo: $M_f = 724$ kNm (momento das abas)
$M_w = M - M_f$
$M_w = 900 - 724 = 176$ kNm (momento da alma)

$$k_6 = \frac{b_w \cdot d^2 \cdot 10^5}{M_w} \Rightarrow k_6 = \frac{0,2 \times 0,57^2 \times 10^5}{176} = 36,92$$

Entramos na Tabela A ⇒ k_3 = 0,403. O cálculo da armadura será:

$$A_s = k_{3_f} \cdot \frac{M_f}{d} + \frac{k_3}{10} \cdot \frac{M_w}{d}$$

$$A_s = \frac{0,353}{10} \times \frac{724}{0,57} + \frac{0,403}{10} \times \frac{176}{0,57} = 57,28 \text{ cm}^2$$

$$A_s = 57,28 \text{ cm}^2 (12 \, \text{ø}\, 25\text{mm})$$

Vamos aplicar esses resultados na nossa viga T.

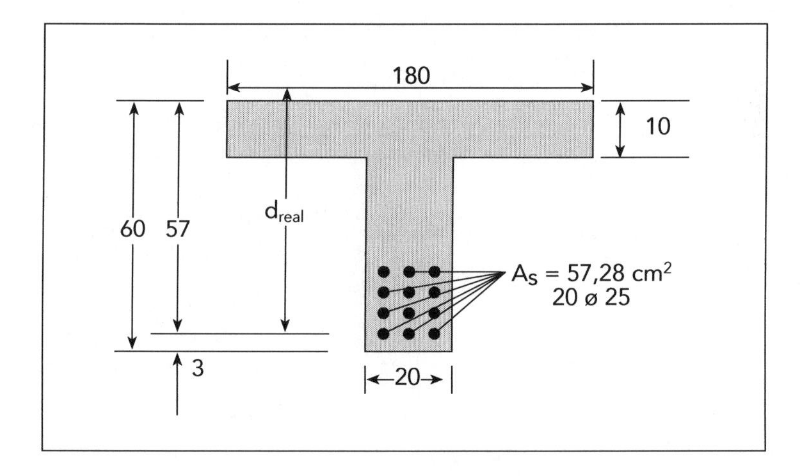

Estamos na condição de Momento Fletor extremamente alto para esta seção, resultando em uma área de aço muito grande. Em face disso, temos aço demais para alojar em uma pequena área. Tivemos de colocar aço em posições mais altas e, com isso, altera-se a nossa suposição de que o centro de gravidade do aço estivesse a 57 cm (d) da extremidade superior da aba. No caso presente, como temos camadas de aço fora da distância de 57 cm, deveríamos considerar uma outra distância d_{real}, digamos, cerca de 49,5 cm d_{real} = 49,5 cm e recalcular a viga.

Fica, pois, clara uma coisa: a altura útil de uma viga (d) é a distância da borda comprimida da viga ao centro de gravidade da armadura tracionada.

5.5 – DIMENSIONAMENTO DE VIGAS AO CISALHAMENTO

Vimos que as vigas, ao sofrerem a ação de uma carga vertical, sofrem a possibilidade de suas lamelas escorregarem umas sobre as outras. Ao fazer a experiência com folhas de papel, os grampos aumentavam a resistência da viga de folhas.

Numa viga de concreto armado, quem interliga as lamelas? A armadura de tração não é. A eventual armadura de compressão, também não. Quem aguenta, então? São os estribos. Para explicar melhor esses fenômenos, muitas vezes associa-se uma viga em trabalho a uma treliça, para uma comparação de fenômenos e de elementos resistentes.

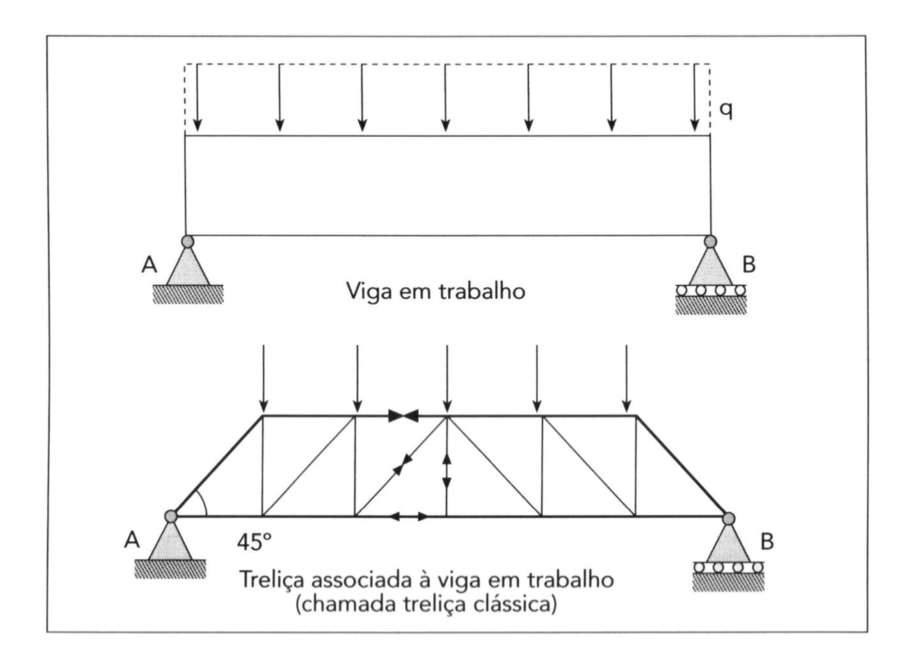

Em detalhe, um trecho da treliça

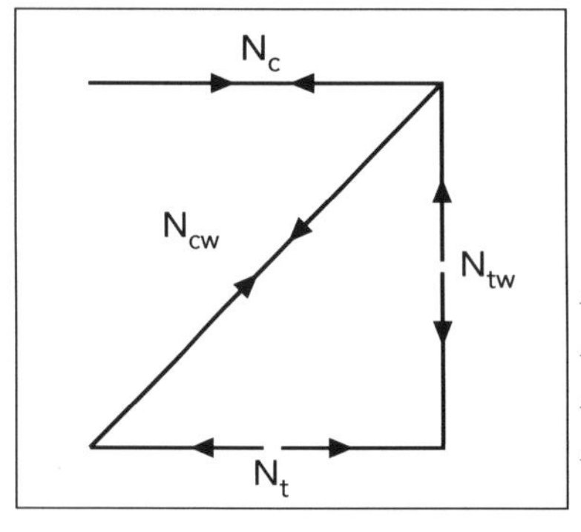

N_c = Força de compressão no banzo superior
N_{cw} = Força de compressão no banzo inclinado
N_{tw} = Força normal de tração no banzo vertical
N_t = Força normal de tração no banzo inferior

Se uma viga pode associar-se a uma treliça, quem é o responsável pelo quê?

- A força de compressão N_c é resistida pelo concreto;
- A força de tração N_t é resistida pela armadura inferior da viga;
- A força de compressão N_{cw}, que ocorre no banzo inclinado, é resistida na viga pelo concreto;
- A força normal de tração N_{tw}, que ocorre no banzo vertical, é resistida pelos estribos.

O cálculo da seção de concreto, das armaduras inferiores e superiores, já foi visto anteriormente. Resta dimensionar a solidariedade entre as várias camadas horizontais do concreto.

Roteiro de cálculo – Força cortante em viga

A resistência da peça, numa determinada seção transversal, é satisfatória quando, simultaneamente, são verificadas as seguintes condições:

$$V_{sd} < V_{rd_2}$$

$$V_{sd} < V_{rd_3} = V_c + V_{SW}$$

Onde: V_{sd} = Força cortante de cálculo, na seção;
V_{rd_2} = Força cortante resistente ao cálculo, relativa à ruína das diagonais comprimidas de concreto;
V_{rd_3} = $V_c + V_{SW}$ é a força cortante de cálculo, relativa à ruína por tração das diagonais;
V_c = Parcela da força cortante absorvida por mecanismos complementares ao de treliça;
V_{SW} = Parcela absorvida pela armadura transversal.

- **a) Verificação do concreto**

- $$V_{rd_2} = 0{,}27 \cdot \alpha_v \cdot f_{cd} \cdot b_w \cdot d$$

Com $\alpha_v = (1 - f_{ck}/250)$ e f_{ck} em megapascal, temos:

$$\alpha_v \begin{cases} f_{ck} = 20 \text{ MPa} \Rightarrow \alpha_v = 1 - \dfrac{20}{250} = 0{,}92 \\ f_{ck} = 25 \text{ MPa} \Rightarrow \alpha_v = 1 - \dfrac{25}{250} = 0{,}90 \\ f_{ck} = 30 \text{ MPa} \Rightarrow \alpha_v = 1 - \dfrac{30}{250} = 0{,}88 \end{cases}$$

- **b) Cálculo da armadura transversal de vigas**

$$\frac{A_{SW}}{s} = \frac{V_{SW}}{0{,}9 \cdot d \cdot f_{yd}} \quad \text{para estribos verticais}$$

Onde: $V_c = 0$ Elementos estruturais tracionados, quando a linha neutra se situa fora da seção;

$V_c = V_{CO}$ Na flexão simples e na flexo-tração, com linha neutra cortando a seção;

$V_c = V_{CO} \cdot (1 + M_o/M_{sd_{máx}}) \leq 2\ V_{CO}$ na flexão-compressão;

$V_{CO} = 0{,}6 \cdot f_{ctd} \cdot b_w \cdot d$

Tabela B — Valores de A_{SW}/s em cm^2/m para estribos de 2 ramos (ϕ mm)										
espaçamento (s) cm	ϕ 5	ϕ 6,3	ϕ 8	ϕ 10	ϕ 12,5	ϕ 16	ϕ 20	ϕ 25	ϕ 32	ϕ 40
5	8,00									
6	6,67	10,5	16,7	26,7	41,7					
7	5,71	9,00	14,3	22,9	35,7	57,1	90,0	142,9		
8	5,00	7,88	12,5	20,0	31,2	50,0	78,7	125,0	200,0	
9	4,44	7,00	11,1	17,8	27,8	44,4	70,0	111,1	177,8	277,8
10	4,00	6,30	10,0	16,0	25,0	40,0	63,0	100,0	160,0	250,0
11	3,64	5,73	9,09	14,5	22,7	36,4	57,3	90,9	145,5	227,3
12	3,33	5,25	8,33	13,3	20,8	33,3	52,5	83,3	133,3	208,3
13	3,08	4,85	7,69	12,3	19,2	30,8	48,5	76,9	123,1	192,3
14	2,86	4,50	11,4	7,14	17,9	28,6	45,0	71,4	114,3	178,6
15	2,67	4,20	6,67	10,7	16,7	26,7	42,0	66,7	106,7	166,7
16	2,50	3,94	6,25	10,0	15,6	25,0	39,4	62,5	100,0	156,3
17	2,35	3,71	5,88	9,41	14,7	23,5	37,1	58,8	94,1	147,1
18	2,22	3,50	5,56	8,89	13,9	22,2	35,0	55,6	88,9	138,9
19	2,11	3,32	5,26	8,42	13,2	21,1	33,2	52,6	84,2	131,6
20	2,00	3,15	5,00	8,00	12,5	20,0	31,5	50,0	80,0	125,0
21	1,90	3,00	4,76	7,62	11,9	19,0	30,0	47,6	76,2	119,0
22	1,82	2,86	4,55	7,27	11,4	18,2	28,6	45,4	72,7	113,6
23	1,74	2,74	4,35	6,96	10,9	17,4	27,4	43,5	69,6	108,7
24	1,67	2,62	4,17	6,67	10,4	16,7	26,2	41,7	66,7	104,2
25	1,60	2,52	4,00	6,40	10,0	16,0	25,2	40,0	64,0	100,0
26	1,54	2,42	3,85	6,15	9,62	15,4	24,4	38,5	61,5	96,2
27	1,48	2,33	3,70	5,93	9,26	14,8	23,3	37,0	59,3	92,6
28	1,43	2,25	3,57	5,71	8,93	14,3	22,5	35,7	57,1	89,3
29	1,38	2,17	3,45	5,52	8,62	13,8	21,7	34,5	55,2	86,2
30	1,33	2,10	3,33	5,33	8,33	13,3	21,0	33,3	53,3	83,3

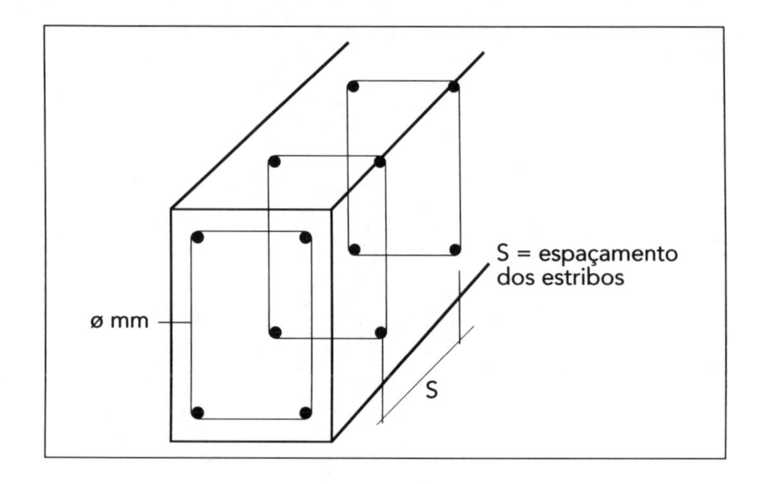

Cálculo de V_{CO}:

$$V_{CO} = 0{,}6 \cdot f_{ctd} \cdot b_{wd} \qquad \text{onde} \qquad f_{ctd} = f_{ctk_{\inf}} / \gamma_c$$

fck (MPa)	*fctd* (MPa)	0,6 *fctd* (MPa)	0,6 *fctd* (kPa)	*VCO* = 0,6 · *fctd* · *bw* · d
20	1,107	0,663	663	*VCO* = 663 · *bw* · d
25	1,278	0,767	767	*VCO* = 767 · *bw* · d
30	1,450	0,870	870	*VCO* = 870 · *bw* · d

b_w e b (em metros), V_{CO} em kN.

Cálculo de V_{R2}:

$$V_{R2} = 0{,}27 \cdot \alpha_{v2} \cdot f_{cd} \cdot b_w \cdot d$$

fck (MPa)	αv_2	*fcd* (MPa)	0,27 · αv_2 · *fcd* (kPa)	VRd_2 = 0,27 · αv_2 · *fcd* · *bw* · *d*
20	1,92	14,285	3.548	VRd_2 = 3.548 · *bw* · *d*
25	0,90	17,857	4.339	VRd_2 = 4.339 · *bw* · *d*
30	0,88	21,428	5.091	VRd_2 = 5.091 · *bw* · *d*

b_w e b (em metros), V_{Rd2} em kN.

$$A_s = \frac{V_{SW}}{0{,}9 \cdot d \cdot f_{yd}}$$

Armadura mínima:

$$\rho_{sw} = \frac{A_{sw}}{b_w \cdot s} \geq 0,2 \frac{f_{ctw}}{f_{yd}}$$

fck (MPa)	$\rho sw_{mín}$	
20	0,09	$A_{sw} = \rho_{sw_{mín}} \cdot b_w$
25	0,10	
30	0,12	

- Diâmetro de estribos ø t:

$$5 \text{ mm} \leq ø\, t \leq \frac{b_w}{10}$$

- Espaçamento longitudinal s_t dos estribos

$$7 \text{ cm} \leq s \leq \begin{cases} \text{Se } V_d \leq 0,67\ V_{Rd2} \begin{cases} 0,6 \cdot d \\ 30 \text{ cm} \end{cases} \\ \text{Se } V_d > 0,67\ V_{Rd2} \begin{cases} 0,3 \cdot d \\ 30 \text{ cm} \end{cases} \end{cases}$$

- Espaçamento transversal dos ramos dos estribos

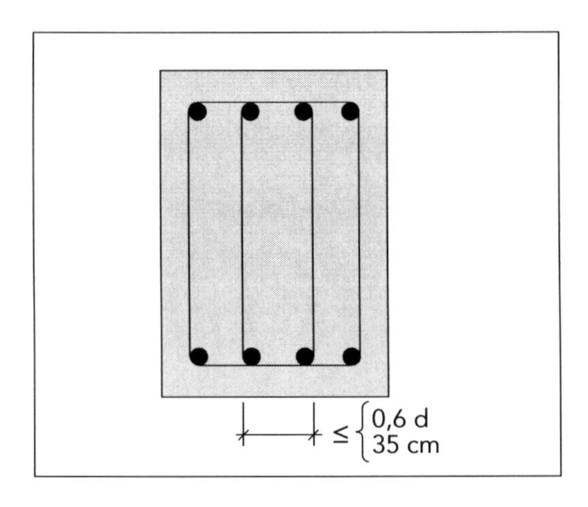

- **Cálculo da armadura de suspensão da viga apoiada sobre viga**

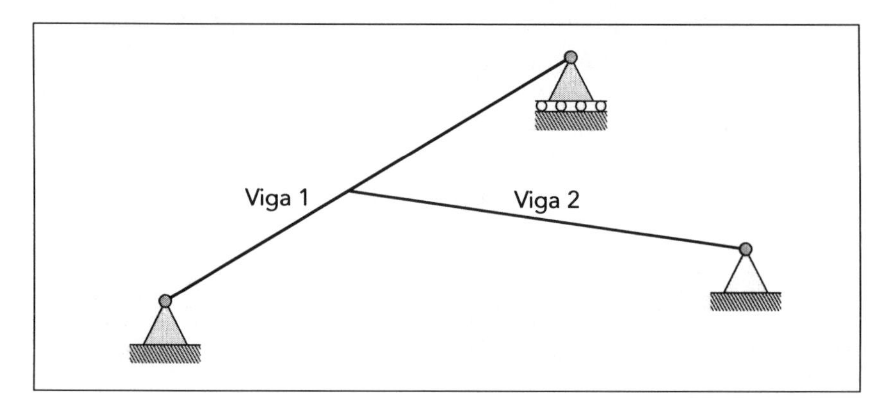

- As cargas da viga 2 chegam à região inferior de V_1, sendo necessário suspender a carga.

- Região para alojamento da armadura de suspensão:

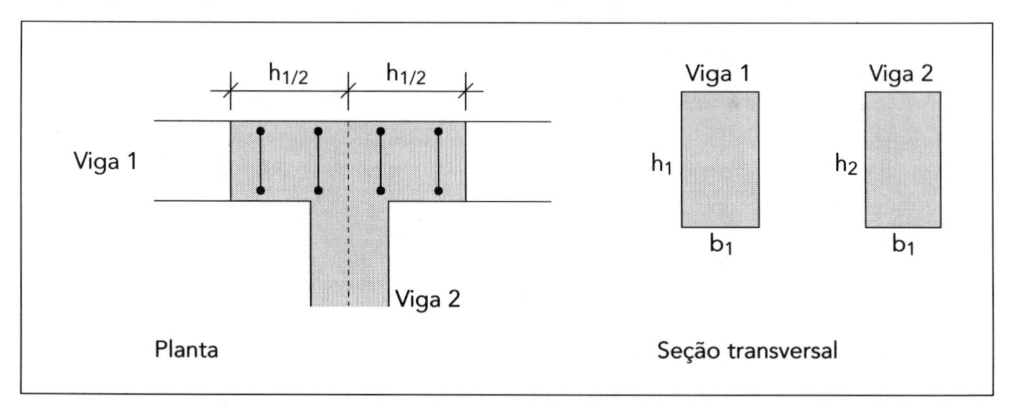

- Na planta, no caso da viga em balanço, temos:

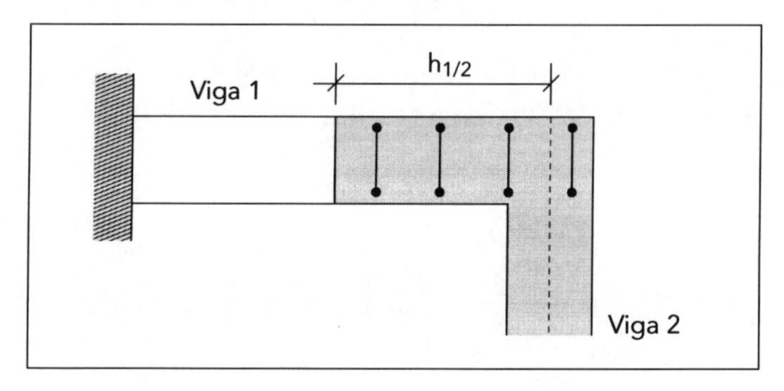

- Carga a ser suspensa:

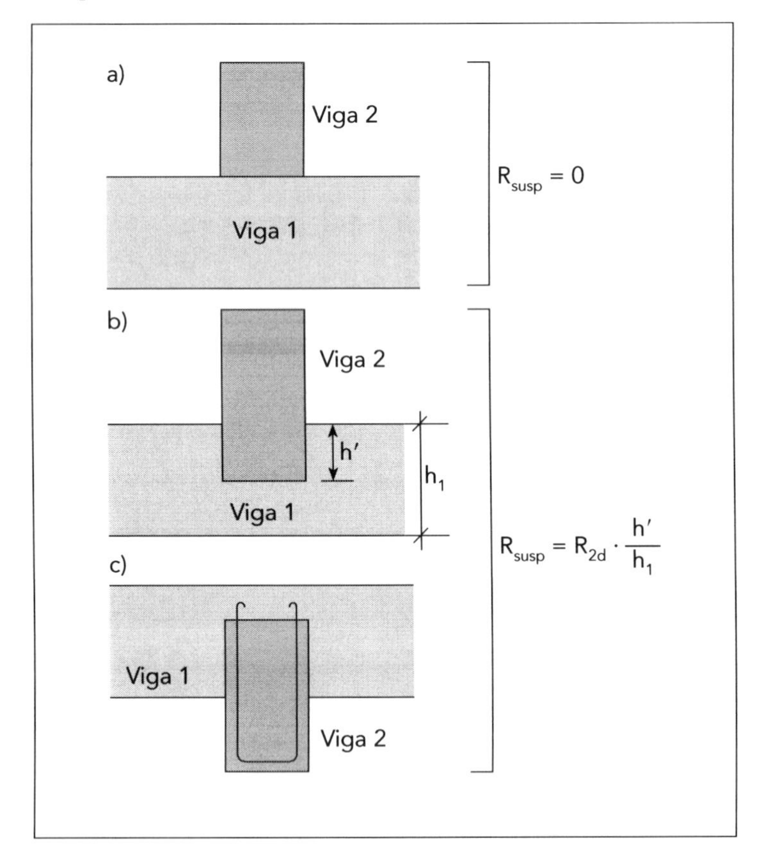

sendo R_{2d} a carga da viga 2, na viga 1.

A armadura de suspensão será calculada por:

$$A_{susp} = \frac{R_{2d}}{f_{yd}}$$

Aço CA-50
$f_{yd} = 43{,}5\ \text{kN/cm}^2$

Não devemos somar a armadura de cisalhamento, mas devemos adotar a maior das duas na região de alojamento da armadura de suspensão.

Exemplo: Seja a viga abaixo, calcular a armadura para a força cortante de 150 kN.

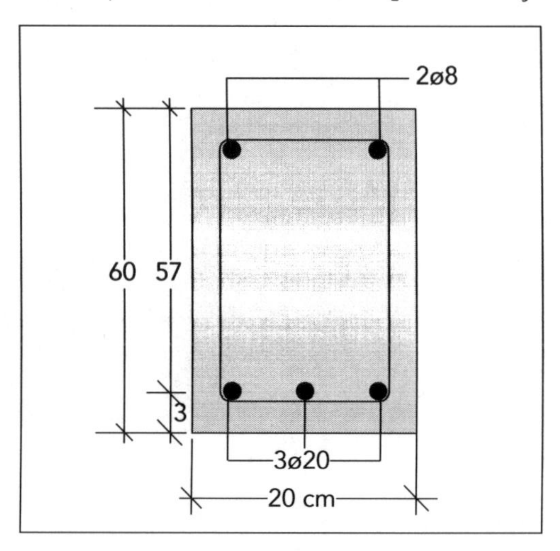

$f_{ck} = 20$ MPa Aço CA-50 $f_{ck} = 20$ MPa

$f_{cd} = 14,28$ MPa

$b_w = 20$ cm $= 0,2$ m

$V_s = 150$ kN $V_{sd} = 150 \times 1,4 = 210$ kN

$f_{yd} = 4,350$ kgf/cm^2 $= 4,35$ tf/cm^2 $= 43,5$ kN/cm^2

1) Cálculo de V_{R2}:

$$V_{Rd2} = 3,548 \times 0,2 \times 0,57 = 404,47 \text{ kN} > V_{sd} \qquad \text{(O.K.)}$$

2) Cálculo de V_{CO}:

$$V_{CO} = 663 \times 0,2 \times 0,57 = 75,58 \text{ kN}$$

3) Cálculo da armadura A_{sw}:

$$V_{sd} = V_{CO} + V_{sw} \rightarrow V_{sw} = 210 - 75,58 = 134,42 \text{ kN}$$

$$\frac{A_{sw}}{s} = \frac{V_{sw}}{0,9 \cdot d \cdot f_{yd}} = \frac{134,42}{0,9 \times 0,57 \times 43,5} = 6,02 \text{ cm}^2/\text{m} \rightarrow \text{Tabela 8: ø 8 mm c/16 cm}$$

$$A_{sw_{\text{mín}}} = 0,09 \times 20 = 1,8 \text{ cm}^2/\text{m}$$